수학
공부의
재구성

수학
공부의
재구성

핵심만
빠르게
중학수학에서
수능까지

민경우 지음

바다출판사

수학은 어느 분야보다 비범한 예지와 천재성이 필요한 분야다. 뉴턴은 20대 초반 전염병을 피해 찾은 고향 마을에서 중력의 법칙과 미분을 구체화했고, 1905년 아인슈타인은 26살의 나이에 세상을 뒤흔든 특수상대성이론과 광양자설을 발표했다. 수학은 연륜과 경험이 필요한 관록의 학문이라기보다는 세상을 다른 관점에서 보는 새로운 시각과 안목이 중요한 학문이다. 하지만 불행히도 우리나라의 대학수학능력시험(이하 '수능')의 수학은 이러한 수학의 본질과 동떨어져 있다.

수능 수학은 자동차 정비공의 세계와 유사하다. 수십 년간 자동차를 정비해온 노련한 정비공은 힐끗 자동차를 보는 것만으로 상태를 짐작할 수 있다. 그는 익숙한 솜씨로 차문을 열고 핸들을 만져본다. 액셀을 밟는 순간 차체의 미세한 떨림에서 무엇이 문제인지를 정확히 알아낸다. 정비공의 세계를 관통하는 키워드는 오랜 시간의 숙련과 반복 그리고 성실과 끈기다. 마찬가지로 수능 수학을 좌우하는 것도 반복된 문제 풀이와 숙련이다.

다른 비유를 하나 더 들어보자. 마타 하리라는 전설적인 스파이가 있다. 제1차 세계대전 당시 그녀는 악보에 기밀을 담아 본국에 전송했다. 마타 하리를 체포하는 데 가장 중요한 단서는 악보일까, 아니면 악보에 담긴 암호일까? 당연히 악보다. 암호를 악보에 숨겼다는 사실 자체가 가장 강력한 암호였다. 정작 악보에 담긴 암호를 해독하는 것은 기계적인 작업에 불과하다.

수능 수학은 암호가 악보에 있다는 사실을 알려주고 암호를 풀라는 문제에 가깝다. 그만큼 시험범위와 출제경향이 명확히 정해져 있는 시험이다. 하지만 암호에 이중삼중의 잠금장치를 걸어 문제를 복잡하게 꼬아놓았다. 물론 그렇게 하는 이유는 변별을 해야 하기 때문이다.

요컨대 현재의 수능 수학은 변별을 위해 일부러 꼬아놓고 숙련을 요구하는 문제들이 상위 등급을 결정한다. 이를 어떻게 개선할 것이냐는 앞으로의 과제로 남겨두자. 지금 우리에게 중요한 것은 이러한 수능 수학의 현실을 정확히 이해하는 일이다.

수능의 실상이 그렇기 때문에 재수생이 유리할 수밖에 없다. 하루라도 먼저 시험범위를 많이 공부한 학생이 우세한 게임이다. 따라서 수능에 대비하는 기본자세는 수능 이전의 모든 수학을 가능한 한 빨리 간단히 정리하여 끝내는 것이다. 그런 다음 하루라도 빨리 수능이라는 본 게임에 진입하여 수능에 대한 적응도를 높이는 것이다. 수능에 대비하는 것이 목적이라면 다른 무엇보다 이 점이 결정적으로 중요하다.

이 책은 수능 이전의 수학을 효과적으로 끝내는 방법을 이야기한다. 사람들은 초등-중등-고등 과정을 충분한 시간을 들여 순차적으로 배워야 한다고 생각한다. 그렇지 않다. 현행 수학교과는 필자가 중고등학교에 다니던 40년 전과 거의 차이가 없다. 40년의 세월이 흘렀음에도 이를 시대에 맞게 바꾸지 않았다. 더 이상 교과 그대로 가르칠 이유도, 필요도 없다. 기존 교과를 효과적으로 개편한다면 수능 이전의 수학을 빠르게 섭렵할 수 있다.

이 책은 중고등 수학교과 6년을 효율적으로 재구성하는 하나의 안을 제시한다. 핵심은 수능 수학에 맞춰 중등수학을 획기적으로 개편하는 것이다. 지수로그·극한·수열의 강조, 문자연산과 문장제 문제 그리고 유클리드 기하의 대폭 축소, 도형과 무한등비급수와 삼각함수 극한의 연계, 이차함수 비중의 약화 등이 주요 특징이다. 구체적인 내용은 2부에서 확인하기 바란다.

3부는 2부에서 정리한 교과과정 개편안을 실천하기 위해 필요한 공부방법을 논의한다. 앞으로의 수학 공부는 콘텐츠뿐 아니라 방법론에서도 시대의 변화를 반영해야 한다. 정보화 시대에서 개인의 역량 차이는 정보를 어떻게 취득하고 가공하여 소비하는가에서 갈리기 때문이다.

오늘날 시대의 변화를 단적으로 보여주는 대비가 유튜브와 교과서다. 양자는 각각 영상과 문자 시대를 대표한다. 우리는 오랫동안 문자와 독서에 특별한 의미를 부여해왔다. 근대의 과학기술혁명은 활자매체 즉 책의 대량 보급으로 가능했다. 그러나 인류 역사 전체를 고려하면 서로 얼굴을 맞대고 대화로 정보를 주고받는 전통이 훨씬 오래되었다. 덕분에 영상의 정보 전달 효과는 문자보다 훨씬 뛰어나다.

정보 전달에서 매체보다 중요한 것은 정보의 소통 방식이다. 유튜브는 끊임없이 정보의 가치를 판단하고 선택하며 가공할 수 있게 해준다. 반면 교과서는 정해진 텍스트를 정독할 것을 요구하고 고정된 텍스트에 대한 다양한 해석을 제한한다. 유튜브는 실시간 정보와 연결되어 있는 반면, 교과서는 자리에 앉아 책을 펴들고 읽기 시작하는 순간부터 작동하기 시작한다.

수능에 필요한 기계적인 숙련 작업에 유튜브 식의 자유로운 정보 습득 방식을 응용할 수 있다. 이를테면 차근차근 공부하지 말아야 한다. 마치 우리가 유튜브를 통해 스포츠 경기를 볼 때 지루한 중간 단계를 건너뛰듯이 꼭 필요한 것만 선별해야 한다. 차례에 있는 모든 것을 공부할 생각을 버려야 한다. 그중 대부분이 중요하지 않거나 필요 없는 것들이다. 미련을 갖지 말고 스킵할 수 있어야 한다. 전체적인 시야와 거시적인 안목을 유지하되 최대한 가볍게 운신해야 한다. 수학 공부에 적용할 수 있는 몇 가지 원칙들을 3부에서 제시했다.

그리고 4부에서는 교육과 공부, 특히 선행에 대한 필자의 생각을 간단히 피력했고, 필자가 가르치고 있는 몇몇 학생들의 사례를 통해 구체적 공부방법을 조언했다.

이 책에서 필자는 수능에 효과적으로 대비하는 방법을 알려주는 한편, 시대에 부합하는 새로운 교과 콘텐츠와 공부방법을 제시하고자 했다.

수학은 늘 뜨거운 감자다. 많은 학생들이 수학 때문에 공부에 흥미를 잃고 수학 때문에 문과를 택한다. 숨 막히는 입시 경쟁에서 정말 많은 학생들이 수학 때문에 좌절한다. 개중에는 어쩔 수 없는 한계도 있지만 콘텐츠와 교육방법을 개선하는 것으로 해결 가능한 문제도 적지 않다. 특히 지금과 같은 시대적 전환기에는 후자의 문제가 크다. 이 책이 시대를 뛰어넘고자 하는 의미 있는 시도로 기억되었으면 한다.

빠르게 핵심만 수학 공부를 재구성하라

3부

문제는 공부의 속도와 효율이다

4부
공부의 본질을 묻다

1부

왜
수학 공부를
재구성해야
하는가?

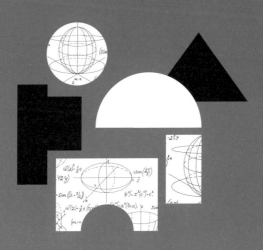

수능 수학은 어렵다

현실부터 말해보자. 선행을 하지 않으면 수능 이과 수학에서 1~2등급을 받을 수 없다. 일선에서 오랫동안 수학을 가르쳐온 전문가로서 냉정히 평가해볼 때, 일반고 중위권 재학생이 받을 수 있는 최고치는 이과 3등급, 문과 2등급 정도다. 이것도 정상적인 학교교육이 아니라 학교 밖에서 특별한 노력을 했을 때 가능한 점수다.

'정상적인 학교교육'을 통해 수능을 대비하자는 말은 실현 불가능한 거짓말이다. 우리 교육 현장에는 이처럼 현실과 동떨어진 담론들이 만연해 있다. '공교육 정상화'라는 이상적인 (하지만 허울뿐인) 담론이 지배하면서 웃지 못할 코미디 같은 일들이 벌어지고 있다. 대표적인 것이 선행이다. 한쪽에서는 선행을 하지 말라고 법으로까지 규제하지만 이를 지키는 사람은 거의 없는 실정이다.

선행에 얽힌 복잡한 쟁점은 이 책의 4부에서 자세히 짚어 보기로 하고, 현행 입시제도 아래에서는 선행이 불가피하다는 점, 선행을 하지 않으면 제대로 풀 수 없는 문제들이 출제된다는 점만 먼저 밝혀두겠다.

수능 수학은 정말 어렵다. 하지만 그렇다고 듣도 보도 못한 엄청나게 난해한 개념이 나오는 것은 아니다. 학부모 세대가 배웠던 내용이 그대로 나온다. 또 지금 학생들의 실력이 부모 세대보다 떨어지는 편도 아니다. 그럼에도 객관적으로 볼 때 더 어려워진 것이 사실이다. 왜 그럴까?

사태의 핵심은 출제영역이 계속해서 줄어들고 있다는 점이다. 학습량 경감이라는 명목 아래 시험범위가 계속 줄어들고 있다. 선형대수인 '행렬'은 한참 전에 빠졌고, 현재 고1이 수능을 볼 때부터는 '기하벡터'가 출제범위가 아니다. 출제자의 입장에서 가장 난감할 때가 언제인지 아는가? 바로 시험범위가 좁을 때다. 즉 시험범위는 갈수록 줄어드는데 변별을 해야 하기 때문에 온갖 희한한 문제들이 출제되는 것이다. 그렇게 내지 않으면 1등급과 2등급을 구분할 수 없기 때문이다.

여기에서도 이러한 문제 출제가 진정한 수학능력을 평가하는 수단으로서 좋으냐 나쁘냐, 교육적이냐 비교육적이냐라는 가치평가는 지금 우리의 관심사가 아니다. 변별력을 높이기 위해 비비 꼬아놓은 문제들이 출제되고 있는 현실을 먼저 직시하자는 것뿐이다.

수능 이과 수학 문제들 중 21번과 30번(또는 20번과 29번까지)을 이른바 '킬러 문제'라고 한다. 사실상 수능 결과를 좌우하는 문제들이다. 독자들도 한번 시간을 내서 EBS 강사들이 이 문제들을 풀이하는 영상을 보았으면 좋겠다. TV 녹화를 위해 나름 연습을 했을 텐데도 물리적으로 푸는 시간만 해도 상당하다. 우리나라 수학교사 중 제시간 안에 그 문제들을 풀 수 있는 사람이 과연 몇 명이나 될까 싶다.

최근 박형주 아주대학교 총장이 세계수학자대회에 참가한 수학자들에게 수능 수학 30번 문제를 풀어보게 했다. "지금 우리나라 수능 출제방식으로는 '생각하는 힘을 키울 수 없다'는 것을 확인하기 위해서"였다고 한다. 반응이 어땠을지 충분히 짐작할 수 있을 것이다. 전 세계에서 모인 내로라하는 수학자들은 "창의성보다는 기술적인 힘만 요하는 문제"라고 입을 모았다.

물론 수능 수학만 그런 것은 아니다. 영어와 국어도 학생들의 기초 수학능력을 측정한다는 애초의 취지를 한참 벗어난, 문제를 위한 문제들이 출제되기는 마찬가지다. 요컨대, 현재

수능을 좌우하는 핵심 키워드는 '숙련'이다.

아주 단순화해서 말하자면, 수능 킬러 문제는 2×3을 갓 배운 아이에게 2314×4253 같은 문제를 내주고 풀라는 식이다. 학생들은 좋은 점수를 받기 위해 구구단은 물론이고 11단에서 19단까지 무턱대고 외운 후 한 치의 오차도 없이 바람같이 문제를 풀어야 한다. 그것도 대입이라는 중압감에 시달리는 상태에서 그래야 한다. 그런 학생들을 지켜보노라면 안쓰럽기도 하고, 용케 잘 해내는 아이들이 대견하기까지 하다.

수능 수학의 난이도가 이토록 어렵다면, 고득점을 목표로 하는 학생은 어떻게 대비해야 할까? 고3 때부터 시작하면 너무 늦다. 그때까지 지체할 시간적 여유가 없다. 수능이 요구하는 '숙련'의 경지에 이르려면, 하루라도 빨리 수능이라는 링에 올라야 한다.

많은 사람들이 링에 오르기 위해서는 서서히 차곡차곡 기초 실력부터 다져야 한다고 생각한다. 하지만 초등 고학년과 중학생들에게 미적분을 다년간 가르치고 있는 필자의 경험에서 말하건대, 실상은 그렇지 않고 그럴 이유도 없다. 빨리 링에 오르는 것이 가장 중요하다. 아이들의 머리는 고등수학의 자극을 충분히 잘 흡수할 수 있으며, 링 밖에서 아무리 기초 훈련을 한들 실전 스파링에서 느끼는 생생한 현장감만큼 학생을 성장시키는 것은 없기 때문이다.

시간을 정하지 않고 혼자만 실력을 닦는 것이라면 천천히 해도 아무 상관이 없다. 그러나 다수가 경쟁하는 상대평가 시험이라면 남보다 먼저 시작하는 것은 선택이 아닌 필수다.

재학생에게 압도적으로 불리한 게임

수능 수학에서 1~2등급 받기가 어려운 이유는 난이도뿐 아니라 경쟁이 치열하기 때문이다. 경쟁 상대에는 재학생뿐 아니라 재수생도 포함되며, 실제로 재수생 강세가 수년째 이어지고 있다. 현재의 수능 시스템에서는 재학생이 재수생에 비해 불리할 수밖에 없으며, 실제 결과에서도 재수생의 성적이 재학생을 압도하고 있다.

2016년의 경우 수능 수학 가형 1등급의 47.4퍼센트, 2등급의 43.0퍼센트, 3등급의 38.6퍼센트가 졸업생이었다. 반면에 재학생은 3월 모의고사 성적과 11월 수능 사이에 현격한 차이를 보인다. 왜 그럴까?

3월 모의고사는 재학생들만 본다. 그러다가 6월과 9월 모의고사에 재수생이나 반수생이 시험에 참가한다. 따라서 학생의 객관적인 실력은 6월 모의고사에서 판가름이 난다. 이때 재학생의 경우 3월에 비해 등급이 상승하는 학생은 9퍼센트 정도(2등급 이상 상승 0.69%, 1등급 이상 상승 8.28%)에 불과하다. 현상 유지하는 학생이 21.28퍼센트고 나머지는 하락이다(1등급 이상 하락 38.62%, 2등급 이상 하락 31.03%).

그래서 나는 졸업생이 포함되지 않은 모의고사 성적은 아예 믿지 않는다. 학생들에게도 이렇게 말한다. 너희가 대학에 갈 때 경쟁할 상대는 옆에 있는 친구가 아니라 지금 대학을 다니거나 재수학원에 있는 형·언니들이라고.

초등학교에서 고등학교에 이르는 일련의 교육과정을 잠시 돌아보자. 나는 이 중에서 가장 학력이 은폐되는 시간대가 중학생 시절이라고 생각한다. 초등학교 때는 부모 요인이 상당한 영향을 미친다. 대표적인 것이 영어다. 그러다가 중학생이 되면 일단 학교라는 동일한 틀 안에 묶인다. 학교 안에서는 학생들의 차이가 표면적으로 두드러지지 않지만 학교 밖에서는 보이지 않는 차이가 누적된다.

이로 인해 중학교에서 고등학교로 올라갈 때 1차 충격이 가해진다. 똑같이 90점이 넘던 아이들의 성적이 50~90점까지 벌어진다. 1학년을 마치고 2학년에 올라가면 2차 충격이 온다. 문과는 석차가 오르지만, 이과는 석차가 떨어진다. 공부

잘하는 학생들이 이과에 밀집되기 때문이다. 그러나 이것은 시작에 불과하다. 결정적인 충격이 바로 고3 6월 모의고사다. 졸업생이 참가하는 전국모의고사에서 재학생은 경쟁 상대가 되지 못한다. 그제야 재학생들은 오랜 착각에서 깨어나게 된다.

통탄스러운 점은 학교나 언론이 이런 상황을 은폐하고 있다는 것이다. 학생들은 재학생끼리 본 시험 성적을 놓고 자신의 실력을 과신하며 시간을 보내다가, 정작 수능에 임박해서 듣도 보도 못한 문제들을 접하고 좌절하고 만다.

우리 아이마저 이런 전철을 또 밟아야 하는 것은 아니다. 수능은 시험범위와 출제의도가 명확한 시험이다. 그리고 다행스럽게도(?) 창의력이나 IQ를 측정하는 시험이 아니라 '숙련'을 확인하는 시험이다. 그렇기 때문에 재수생에게 유리한 것이다. 만약 수능이 창의력을 시험한다면 재수한다고 될 일이 아니다. 반면에 숙련이라면 1년이라도 더 공부한 학생이 유리하게 되어 있다.

수능은 본질적으로 재수생에게 유리한 시험이지만 재학생이라고 못할 이유는 없다. 출제경향에 맞게 효율적으로 공부 방법과 일정을 조절하면 된다. 쓰라린 실패를 맛본 후에야 재수를 하며 아등바등 문제풀이 기법을 뒤늦게 훈련하는 대신에, 일찌감치 수능의 주요 영역 중심으로 착실히 대비하고 숙련도를 높여간다면 훨씬 여유 있게 1~2등급을 받을 수 있다. 이 책의 핵심 메시지는 바로 그것을 중학교 때부터 시작하자는 것이다.

고3이 되어도 진도가 끝나지 않는다

수능에서 재수생이 재학생보다 강세를 보이는 이유에는 고교 수학 커리큘럼의 비합리적인 일정도 한몫한다. 입시가 코앞에 닥친 고3 1학기가 되도록 수업 진도가 끝나지 않는다. 뿐만 아니라 학생들은 학교에서 2학년 2학기가 될 때까지 수능과 직접 관련이 없는 공부를 내신을 위해 울며 겨자 먹기로 해야 한다.

수능은 출제범위와 출제유형이 명확히 정해져 있는 시험이다. 수능 이과 수학 가형의 경우 '미적분Ⅱ' '확률과통계' '기하와벡터'에서 각 10문제 정도씩 30문제를 출제하는 것이 원칙이다(물론 과목별로 조금씩 편차가 있으며, 대개 미적분Ⅱ에서 1~2문제가 더 많이 나온다). 시험의 안정성 때문에 출제범위가 생각보다 좁다. 예를 들어 '미적분에서 출제한다'가 아니라

'미적분 중 어디에서 문제를 내겠다'는 식이다. 따라서 경험 많은 강사라면 수능의 출제범위를 상당히 좁힐 수 있다.

사실 수능만 목표로 한다면 학교를 다니지 않는 편이 낫다. 예를 들어, 학생들은 내신을 위해 고1 2학기 때 '집합'을 배워야 하고 변별을 위해 꼬아놓은 각종 문제들을 어쩔 수 없이 공부해야 한다. 하지만 정작 수능에서 집합은 이과의 경우 시험범위가 아니고, 문과라도 집합에서는 어려운 문제가 출제되지 않는다. 출제되더라도 초중등생도 풀 수 있을 정도로 쉬운 문제들이다. 수능 출제 비중이라는 관점에서 이렇게 선별하고 나면, 정말 수능에 필요한 고교수학은 아무리 많이 잡아도 30퍼센트를 넘지 않는다.

하지만 학교는 선행학습을 금지한다는 이유로 진도를 빨리 나가지 못하게 발이 묶여 있다. 이과 수학 상위 등급을 좌우하는 이른바 '킬러 문제'는 미적분Ⅱ와 기하벡터에서 주로 출제되는데, 학교에서는 2학년 2학기가 되어서야 미적분Ⅱ를 가르치고, 3학년 1학기가 되어서야 기하벡터를 가르친다. 수능 고득점이라는 우리의 목표에서 보자면, 2학년 2학기 이전까지 배우는 거의 모든 학교수학은 무의미하거나 중요성이 떨어진다고 할 수 있다.

대부분의 학생들이 3학년에 올라가는 겨울방학 무렵이 되어서야 본격적인 수능 준비에 들어간다. 하지만 수능이 쉬우면 모를까, 지금과 같은 난이도가 유지된다면 1년 바짝 준비한다고 해서 될 일이 아니다. 숙련할 시간이 절대적으로 부족하다. 결국 우리 아이들은 이 불합리한 게임에서 패배하고 어쩔 수 없이 재수를 하도록 내몰리고 있다.

학생들이나 학부모님들을 상대하면서 개인적으로 황당했던 적이 한두 번이 아니다. 다수의 학생들이 수능의 출제범위조차 잘 모른다. 그저 학교나 학원이 하라는 대로 따라가면 된다고 생각한다. 마치 월드컵에 출전한 우리 국가대표팀 선수가 첫 번째 상대할 나라가 어딘지도 모른 채 경기장에 들어서는 격이다.

하지만 이보다 더 어이없는 것이 학교수업과 수능의 불일치다. 물론 현실과 지향의 괴리 때문이라고 이해해볼 수는 있다. 현재의 교육정책은 과도한 경쟁을 지양하자는 훌륭한 취지에서 선행학습을 금지하고 있다. 하지만 수능은 현실적으로 입시 즉 공정한 학생 선발 제도여야 한다. 제도의 안정성과 신뢰를 담보하려면 변별을 위해 시험을 어렵게 출제할 수밖에 없다. 선행을 금지하는 가운데 숙련이 필요한 어려운 문제들을 내고, 그 결과 많은 학생들이 재수를 택하는 안타까운 일이 되풀이된다.

내가 주장하고자 하는 바는 단순하다. 실제 벌어지는 일들과 학교나 언론에서 떠드는 것이 다르다는 사실이다. 공교육 정상화를 위해서 선행학습을 금지하지만, 수능을 보기 위해서는 선행을 해야만 하는 이 모순적 상황을 명확히 인식하고 대응법을 찾자는 것이다. 학교는 선행학습 금지라는 법과 그에 기초한 시스템에 묶여 있어 구조적으로 수능에 대응할 수 없다. 이것은 학교뿐 아니라 참고서, 학원, 인강도 마찬가지다. 사교육으로 이 문제가 해결되지 않는다는 것은 끝없는 재수생의 물결이 증명한다. 수능에 초점을 맞춘 새로운 커리큘럼, 수능의 핵심 출제범위에 효과적으로 대응하는 개인 맞춤형 공부계획을 세워야 한다.

수능의 관건은 '킬러 문제'다

학생이 있다. 그는 학교와 학원의 선생님 그리고 참고서를 믿고 묵묵히 산을 오른다. 뚜벅뚜벅 산을 오르다 지천으로 핀 꽃에 매료되기도 하고 길을 잘못 들어 헤매기도 한다. 경사로를 오르는 것이 누구에겐 즐거울 수도 있고 누구에겐 진저리 치게 싫을 수도 있다. 그러나 대부분의 경우 쓸데없는 곳에서 시간을 지체하고 만다. 이제 드디어 산 정상을 올라야 하는데, 대부분의 학생은 거의 탈진 상태에 이른다.

수능에서 산 정상에 해당하는 부분이 소위 '킬러 문제'다. 실제로 수능 등급을 가르는 가장 중요한 관건이다. 막연히 '수능을 열심히 준비하자'는 답이 아니다. 킬러 문제를 놓고 자신의 목표를 명확히 정하고 그에 맞춰 학습전략을 세워야 한다.

이과 수능을 예로 들어보자. 수능을 출제하는 한국교육과정평가원은 미적분Ⅱ에서 이과 최상위 등급을 가르겠다고 공언하고 있다. 물론 중점 과목은 주기적으로 변화한다. 하지만 변화하면 또 그에 맞게 대비하면 그만이다. 중요한 것은 시험의 안정성을 위해 몇 년 정도씩은 출제경향이 유지된다는 점이다. 2018년 이과 수능 21번과 30번은 미적분Ⅱ에서, 29번은 기하벡터에서 출제되었다. 자, 이제 이 사실을 염두에 두고자신의 목표 점수를 구체적으로 설정해보자.

1등급 컷은 92점이다. 이 경우 30번은 포기하고, 21번과 29번에서 승부를 걸어야 한다. 21번은 객관식이므로 운이 좋으면 맞힐 수도 있다. 시험이 너무 어렵기 때문에 운도 큰 변수로 작용한다. 21번을 찍어서 맞힌다면 그야말로 로또에 당첨된 것이나 진배없다. 29번은 기하벡터인데 주관식이다. 예를 들어 답이 234 등과 같아 요행을 기대하기 어렵다. 어쨌든 1등급을 노린다면 21, 29번 중 하나를 반드시 맞혀야 한다. 그 외의 문제에서는 실수가 없어야 할 뿐만 아니라 빠르게 풀어야 한다. 사실 이것만으로도 만만치 않다. 승부처는 21, 29, 30번이지만 나머지 문제도 최대한 빨리 정확히 풀어야 한다. 따라서 1등급을 목표로 하는 학생의 학습전략은 간단하다. 미적분Ⅱ와 벡터를 가능한 한 빨리 공부하고 그와 관련된 연습을 충분히 하면 된다.

2등급 컷은 88점이다. 이과 2등급도 상당히 어렵다. 산술적으로는 세 문제를 틀려도 되지만 나머지 문제를 모두 맞히는 것이 만만치 않다. 그럼에도 1등급을 포기한다면 상당히 여유가 생긴다. 킬러 문제와 나머지 문제 사이에 난이도 차이가 크기 때문이다. 킬러 문제를 맞히는 것은 어렵지만 그 이외의 문제는 어찌어찌 가능하다. 처음부터 킬러 문제를 풀지 않는다는 전략을 세우면 나머지 문제를 조밀하게 검증할 시간이 생긴다.

3등급 컷은 84점이다. 이과 3등급 정도면 중위권도 충분히 노려볼 만하다. 킬러 문제를 포기하고 나머지 문제를 대부분 맞힌다는 전략으로 대비하자. 이 경우라면 오히려 미적분Ⅱ의 가치는 떨어진다. 이과 수학 가형은 미적분Ⅱ, 확률과통계, 기하와벡터에서 골고루 출제되는데, 킬러 문제가 주로 출제되는 미적분Ⅱ를 버린다고 마음먹으면 확률과통계, 기하와벡터에 더 힘을 쏟을 수 있다.

이과 4등급 이하가 취할 수 있는 전략은 다소 애매하다. 2018년 수능의 경우 이과 수학 응시자는 17만 명인 반면 과학탐구 응시자는 24만 명이었다. 무려 7만 명 정도가 막판에 이과 수학 대신에 문과 수학을 본 것이다. 이과 수학에서 3등급 이상을 받기 어려울 것 같으니 문과 수학을 보는 것이 유리하다고 판단한 것이다. 개인적으로는 이런 선택을 지지하지 않는다. 미래를 고려한다면 재수를 해서라도 수도권 이공계에 진학하는 것이 옳다. 문과로 돌면 선택의 폭이 좁아지기 때문이다.

킬러 문제는 창의력과 아무 관련이 없다

수능 수학의 키워드는 '숙련'이다. 자신의 목적을 분명히 세우고 숙련에 집중한다면 킬러 문제도 난공불락의 성이 아니다. 수능의 상위 등급을 결정하는 그토록 어려운 문제들을 숙련을 통해 푼다는 것은 어떤 의미인지 알아보자.

수능의 공식적인 출제 원칙 중 하나는 '창의적인 문제'를 낸다는 것이다. 수능을 출제하기 위해 교수들이 몇 달씩 합숙을 하고 이를 검증하기 위해 교사들도 함께 합숙에 들어간다. 몇 달의 고민 끝에 문제를 내기 때문에 문제들이 대체로 좋은 편이다(물론 내신에 비해 상대적으로 낫다는 의미다).

그러나 그렇게 해도 명백한 한계가 있다. 출제범위가 한정되어 있고 그 범위에서 객관식이나 단순 주관식으로 출제해야 한다는 결정적인 족쇄가 채워져 있기 때문이다. 따라서 창의적인 문제를 출제한다는 원칙은 애초부터 이룰 수 없는 목표다. 결국 고교과정을 뛰어넘는 상위 개념을 끌어와서 적당히 가공한 뒤에 기존 개념들을 이리저리 조합하고 여기에 이중삼중의 암호를 걸어 출제하는 것이 보통이다. 예를 들어보자. 다음은 2017년 9월 모의고사 수학 나형 20번 문제다.

---

20. 삼차함수 $y=f(x)$와 실수 t에 대하여 곡선 $y=f(x)$와

직선 $y=-x+t$의 교점의 개수를 $g(t)$라 하자.

〈보기〉에서 옳은 것만을 있는 대로 고른 것은? [4점]

┌─────── 보기 ───────┐

ㄱ. $f(x)=x^3$이면 함수 $g(t)$는 상수함수이다.

ㄴ. 삼차함수 $f(x)$에 대하여, $g(1)=2$이면 $g(t)=3$인 t가 존재한다.

ㄷ. 함수 $g(t)$가 상수함수이면, 삼차함수 $f(x)$의 극값은 존재하지 않는다.

└────────────────────┘

이 문제가 묻고 있는 것은 삼차함수에서 변곡점을 이해하고 있는가다. 그런데 변곡점은 문과 수학에서 다루지 않거나 별첨 내용으로 다룬다. 궁금해서 EBS 강사의 해설을 찾아봤

다. 강사는 정작 핵심이 되는 곳에서 적당히 얼버무린다. 이유는 충분히 이해할 만하다. 선행 개념을 도입해 설명할 수 없고 그걸 비켜나 설명하려니 앞뒤가 안 맞는 해설을 하는 것이다.

동일한 상황이 '심화'라는 이름 아래 전국 학원에서 벌어지고 있다. 중학교 때 학생들은 유클리드 기하의 온갖 어려운 문제들을 푼다. 창의적인 문제를 출제할 능력이 없는 강사들이 상위 개념을 빌려와서 적당히 가공한 뒤에 내는 것이 이른바 '심화문제'라는 것들이다. 사실 그것을 풀 시간에 출제자가 알고 있는 상위 개념을 그냥 가르쳐주면 그만이다. 세 줄이면 끝날 것을 A4 용지 한 장만큼 풀어놓고 열심히 공부했다고 자랑하는 것이다.

고1 대수도 마찬가지다. 일부 문제는 그런 문제를 많이 풀어본 학생이 아니면 제대로 풀기 어렵다. 수학 실력이 좋다고 잘 푸는 것이 아니라 그런 문제풀이에 최적화된 학생만이 척척 풀 수 있다는 뜻이다. 현재의 수능 수학은 학생의 '창의력' 즉 수학적 감각과 발상이 얼마나 좋은지를 측정하는 시험이 아니다. 얼마나 많은 시간을 공부했는가, 얼마나 많은 문제를 풀어봤는가를 묻는 시험이다. 그 결과가 재수생의 우위다.

수능 킬러 문제는 그런 문제풀이 훈련 과정의 결정판이다. 미적분 II 의 경우 함수와 관련한 매우 세밀한 숙련을 요구한다. 교과 내용이 제한되어 있기 때문에 한 문제에 역함수, 합성함수, 절댓값 함수 등 함수와 관련된 다양한 개념들이 이 중심중으로 들어간다. 교과의 중심은 어디까지나 함수에 대한 정확한 이해이고 역함수, 합성함수 등은 사실 부차적인 것이다. 하지만 선행학습 금지에 묶여 상위 수학을 끌어올 수는 없고, 그렇다고 변별력이 낮은 기본 내용에서 출제할 수는 없으니 정규 교과에서는 부차적으로 다루는 개념을 끌어온다. 즉 정규 교과에서는 기본을 튼튼히 하라고 해놓고, 정작 시험에서는 정규 교과에서 잘 다루지 않는 개념을 출제하는 것이다. 출제자의 속마음은 '비록 기본 내용에서 출제한 것은 아니지만 가능한 한 잘 생각해서 풀어라'라는 식이다. 이것이 출제자가 언론 인터뷰에서 흔히 하는 "창의적 사고력을 요하는 문제를 출제했다"라는 말의 진정한 의미다.

이러한 출제자의 의도 그리고 언론이 말하는 바를 곧이곧대로 믿으면 수능을 제대로 볼 수 없다. 수능은 해당 개념에 대한 매우 정밀한 이해와 숙련을 요구한다. 따라서 그에 특화되어 있지 않으면 풀 수 없다. 아마 문제를 이해하는 것도 쉽지 않을 것이다. 어찌어찌 문제를 이해한 순간 시험은 이미 끝나 있을 것이다. 따라서 킬러 문제에 대한 정확한 공부방법은 기본을 충실히 하고 창의적으로 사고하는 것이 아니라, 정규 교과에서 제대로 다루지 않는 개념들을 선별하고 거기에 상당한 시간을 투자하여 숙련하는 것이다. 그래도 될까 말까 한 시험이다.

수능 고득점을 목표하는 학생의 일정표는 이제 명확해졌다. 소위 기본에 해당하는 것은 늦어도 고1 때까지 마치고, 고2부터는 킬러 문제를 잡기 위한 특별한 노력을 기울이는 것이 좋다. 초6~중2 때 지금의 중1~고1 수학을 모두 마치고, 중2~3 때부터는 미적분의 핵심 개념을 끝내는 것이 옳다. 그 이후는 지루하고 고단한 문제풀이의 연속이다.

재수 안 하고 '인 서울' 공대 가기

나는 한때 서울 저소득층 지역에서 학원을 운영했다. 저소득층에 대한 교육지원과 교육협동조합을 만들어보고 싶었다. 이 과정에서 각별한 경험을 했다. 그 지역 학생들은 분명히 나른 질사는 지역 학생들에 비해 당장은 경제력에 따른 큰 격차를 안고 있었다. 그러나 입시에서 어느 학과를 지원하느냐에 따라 앞으로 충분히 만회할 기회가 있음에도 이런저런 이유로 그렇게 하지 못하는 경우를 많이 보았다.

일단 문과와 이과의 선택 문제가 그랬다. 나는 특별한 사정이 없는 한 이과를 갈 것을 권했다. 그러나 설득이 잘 되지 않았다. 물론 가장 큰 이유 중 하나는 수학이었다. 아마 지역을 막론하고 문과를 선택하는 많은 학생들의 공통된 이유일 것이다. 하지만 나는 그래도 이과에 가야 한다고 생각한다. 이것은 단순히 당장 취직이 잘 되느냐 그렇지 않느냐의 문제가 아니다. 사회 전반이 이과적 소양이 필요한 구조로 변하고 있기 때문이다.

다음으로 나는 구체적으로 '인in 서울' 공대를 권하곤 했다. 하지만 너무나 많은 학생들이 결국 문과를 선택하거나 이과를 가도 목적이 불분명한 하향 지원을 하곤 했다.

2018년 현재 우리나라 고등학교 3학년은 57만 9,000명이고, 고2는 52만 2,000명, 고1은 46만 명이다. 2년 사이에 무려 11만 명이 줄어든다. 반면에 4년제 대학 정원만 35만 명이고 전문대까지 포함하면 50만 명이 넘는다. 대학 정원이 고등학교 졸업생보다 많아지는 것이다.

구조조정이 불가피하고, 그 대상은 지방에 집중될 가능성이 높다. 우리나라는 계속해서 수도권 집중이 가속되고 있다. 지방의 읍면과 소도시를 중심으로 지방의 자연 소멸이 거론될 정도로 청년층의 수도권 집중이 가속되고 있다. 이런 흐름에 따른 대학 구조조정은 앞으로 지방대에 결정적인 타격을 줄 것이다.

이런 사태는 이미 오래전에 예고되어 있었다. 출생아 수는 2000년대부터 40만 명대를 간신히 유지하다가 2017년에는 35만 8,000명까지 하락했다. 현재 고1~고2 학생들이 본격적인 저출산 세대의 시작이다. 향후 수도권의 인구 집중과 지방의 인구 감소는 더욱 심화될 가능성이 높다. 우리나라의 저출산이 돌이키기 어려운 것처럼 지방대의 소멸 가능성도 돌이키기 어렵다. 따라서 어렵더라도 어떻게든 '인 서울'을 할 필요가 있다.

요약하면 중위권 학생이 현실적으로 노릴 수 있는 목표는 '인 서울 공대'인데, 이것이 수능 이과 수학 3등급과 맞아떨어진다. 국민대, 숭실대, 단국대, 세종대, 광운대 등의 '인 서울' 이공계 정원을 모두 합하면 3만 1,699명으로 전체 이과 수학 지망생 14만 명 가운데 22.3퍼센트 수준이다. 수능 3등급이 상위 23퍼센트인 것과 얼추 일치한다. 이과는 문과에 비해 길이 넓다. 의대로 빠지는 인원이 많은데다 공대 정원이 많다. 따라서 노력하면 상대적으로 대학 문이 넓다.

물론 이 목표를 이루는 데 중요한 걸림돌이 수학이다. 나는 수학의 경우 문과와 이과의 차이가 1:10 정도라고 생각한다. 절대 공부량의 차이도 있지만 경쟁 강도가 현저히 다르기 때문이다. 지금은 압도적으로 이과가 공부를 잘한다. 서울의 P고등학교를 예로 들면 1학년 때 반에서 상위 30명 중 3명만이 문과를 간다. 이과에 상위권 학생들이 집중되고 있는 것이다.

하지만 유감스럽게도 고3 6월 모의고사가 끝나면 이과 4등급 이하 학생들 중 상당수가 이과 수능을 포기하고 문과 시험으로 돌아선다. 이과를 갔지만 막판에 문과 수학 시험을 보는 인원이 무려 7만 명에 달한다. 한편, 원래도 상위권 학생이 집중되어 있었는데 하위권 학생이 빠져 나가기 때문에 이과 수학의 경쟁 강도는 더욱 높아진다. 그리고 이를 반영해 수능 이과 수학은 점점 더 어려워진다.

하지만 중위권 학생의 경우, 이과 수학 1~2등급은 현실적으로 어렵다 해도 3등급은 결코 불가능한 점수가 아니다. 2018년 수능 기준으로 84점이 3등급 컷이다. 어려운 문제 4문제를 처음부터 포기하고 나머지만 맞힌다는 전략으로 임하면 충분히 가능한 등급이다. 물론 그러기 위해서는 수업계획을 잘 설계하고, 좀 더 어렸을 때부터 체계적인 선행학습을 시작해야 한다.

학원 다니면 대학 못 간다?!

학원을 다니든, 인강을 듣든, 참고서를 공부하든, 이런 것들로는 대학을 갈 수 없다. 이들이 갖고 있는 구조적 한계 때문이다.

학원은 시간 단위로 수업료를 계산한다. 임대료 등 경상비 부담이 커지고 학생 수가 줄어들고 있는 현 상황에서 학원은 지속적으로 경영 압박에 시달린다. 이렇게 되면 수업을 가능한 한 범용적으로 설계해서 학생을 그룹화하려는 유혹을 느끼게 된다. 즉 수익성을 위해 학생을 최대한 많이 한 팀으로 묶는 것이다. 이것을 보통 '반을 편성한다'라고 한다. 반을 편성하기 위해서는 먼저 공통의 목표와 커리큘럼이 있어야 한다. 하지만 실력이 서로 다른 학생들을 무리하게 한데 묶다보니 공통의 목표나 커리큘럼을 너무 높거나 낮게 잡을 수 없게 된다. 결국 대체로 무난한 수업을 하게 되는 것이다.

이렇게 되면 여기에 맞지 않는 학생들이 피해를 입을 수밖에 없다. 학생에 따라서는 개별 지도가 절박한 경우가 있는데 이런 학생이 구조적으로 배제되는 것이다. 특히 이런 학원 수업 방식에서 가장 큰 피해를 보는 것은 상위권 또는 최상위권이다. 초중등 학원수학은 대체로 학생의 수준에 비해 낮게 편성되어 있다. 특출한 학생이 있다고 반을 따로 편성할 수는 없기 때문이다. 이럴 경우 인위적으로 진도를 늦춰야 한다. 여기서 심각한 문제가 발생한다. 현재의 수능 난이도를 고려하면 이런 수준과 속도로는 원하는 목표를 달성할 수 없기 때문이다.

학원의 기능도 문제다. 현재의 학원은 교육과 보육 기능을 동시에 하고 있다. 학원은 무언가를 가르치는 공간이자 저녁 시간 학생들이 안전하게 지낼 공간이기도 하다. 부모들은 어쨌든 학원에 가면 공부를 할 것이라는 막연한 믿음을 가지고 보낸다. 불황에 직면한 학원들은 학생들을 한 명이라도 더 유치하기 위해 다양한 이벤트를 준비한다. 시험 때가 되면 피자 파티를 벌이고, 학생들과 잘 어울리는 교사들이 인기가 있다.

물론 반대의 경우도 있다. 출석을 칼같이 챙기고 엄청난 양의 숙제를 내주며 학생들을 엄격하게 관리하는 곳도 있다. 그러나 여기도 상황은 마찬가지다. 수익성을 위해 수업과 운영을 표준화하는 것이다. 이벤트를 하든, 강압적인 관리를 하든 모든 학원수업의 기저에 흐르는 공통적 문제점은 수능 대비의 비효율성이다.

이런 학원수업 방식으로는 결코 원하는 대학을 갈 수 없다. 학원에 상담을 받으러 가보면 그럴듯한 말로 학생의 성적 향상을 위해 이런저런 조언을 하지만, 이미 실패가 확인된 이런 프로그램으로는 열심히 학원을 다녀도 재수를 할 수밖에 없는 처지로 내몰리고 만다.

참고서의 경우도 유사하다. 예전과 달리 요즘 학생들은 수학 참고서만 여러 종류를 가지고 있다. 참고서들은 하나 같이 모든 유형을 잡았다고 선전한다. 한번은 고2 이과 학생과 수입을 하는데 자신이 내신 대비를 위해 풀고 있다는 참고서를 보여주었다. 문제만 1,000개가 넘었다. 그 참고서는 몇 달간 1,000문제를 모두 풀어야 한다고 주장한다. 하지만 그 많은 문제를 다 풀 수도 없을 뿐더러 어찌어찌 다 풀더라도 남는 게 없을 것이다.

코끼리는 하루 20시간 풀을 뜯어 먹는다고 한다. 풀에 워낙 영양가가 없기 때문에 양으로 승부를 보는 것이다. 공부를 그정도로 할 수 있다면 뭔가 남기는 할 것이다. 그런 정도의 집중력을 발휘할 수만 있다면. 그러나 대부분의 학생은 그럴 수 없다. 학생들은 당연히 우여곡절을 겪고 정신적인 방황을 하기도 한다. 그게 보통의 학생이다. 대부분의 참고서는 보통의 학생이 따라갈 수 없는 불가능한 경로를 제시한다. 서점에 가면 산더미같이 쌓여 있는 참고서들의 실상이 그러하다.

인강도 마찬가지다. 현재의 인강은 오프라인 강의를 온라인으로 단순 이식한 것에 불과하다. 50분 강의에서 학생에게 꼭 필요한 내용은 5분, 길어야 10분을 넘지 않는다. 중요한 것은 학생 스스로 자신의 목표를 분명히 세우고, 그에 맞춰 인강을 활용하는 능력과 태도다.

과거에는 대학이 시험 점수에 맞춰 서열화되어 있었다. 지금도 크게 다르지 않지만, 사회적으로 보면 '인 서울' 어딘가에서 변곡점이 형성되어 있다. 그렇기 때문에 '인 서울'을 하려는 치열한 경쟁이 벌어지고, 그 경쟁의 결과로 10만 명이 넘는 재수생이 생기고 있다. 따라서 지금 중요한 것은 열심히 공부하는 것 못지않게 효율적으로 공부해야 한다는 점이다.

기억해야 할 것은 이 살벌한 입시 경쟁구도에서 현재의 학원, 참고서, 인강은 제대로 된 경로를 제시하는 데 실패했다는 점이다. 그들은 이미 실패가 확인된 길을 또 다시 안내하고 있다고 해도 과언이 아니다.

내신과 선행을 어떻게 병행할까?

학생들은 자신이 내신과 선행을 병행하고 있다고 생각한다. 하지만 여기에는 두 가지 문제가 있다. 보통 생각하는 것이 1~2학기 정도의 선행이다. 가령 초등학교 6학년이 되면 중1 교과서를 구해다 공부를 한다. 중3은 고1 정도를 선행한다. 하지만 이것은 선행이라기보다는 예습에 가깝다. 본질적으로 다음 학기 내신을 잘 받기 위한 공부에 불과하다. 현재 대부분의 학원에서 진행되고 있는 선행이 이런 수준이다. 수능 고득점이라는 우리의 목표에 비춰볼 때, 이런 정도로는 큰 효과를 보기 어렵다.

다음으로 소위 사교육 중심지에서 유행하고 있는 물량식 선행이 있다. 앞에서 이야기한 것보다 훨씬 이른 시기에 《수학의 정석》1회독, 2회독' 하는 식으로 저인망식 선행을 하는 것이다. 매우 고통스러운 작업이고, 비교육적인 측면이 있기 때문에 추천하기 어려운 방식이다. 게다가 학생에 따른 차이를 전혀 고려하지 않는 방식이다. 또한 학생이 이러한 선행을 감당할 수 없다면 역효과를 내기 쉽다.

나는 이와 같은 방식이 아닌 다른 경로가 있다고 생각한다. 이에 대해서는 2부에서 집중적으로 논의하기로 하고, 여기서는 몇 가지 중요한 포인트만 대략적으로 짚어보겠다.

초5~중2의 경우 중학수학 전반과 고등수학 일부를 선행할 수 있다. 미적분이 나오기 이전의 수학은 대부분 대수다. 분수소수 계산과 수준이 크게 다르지 않다. 따라서 분수소수 계산을 어느 정도 할 수 있다면, 그것의 잡다한 응용문제로 시간을 허비하지 말고 빨리 고1 정도까지를 폭넓게 섭렵하는 것이 중요하고, 또 충분히 해낼 수 있다.

중2~3의 경우 학교생활을 충실히 하되 그와 결부하여 주 1회 30분 정도의 선행이면 충분하다. 이때 선행해야 할 것으로는 고등수학에 필요한 기본기를 튼튼히 익히는 것, 지수로그와 시그마 등 중학생이 감당할 수 있는 고등수학을 미리 해두는 것, 미적분에 대한 배경 지식을 익히는 것 등을 생각할 수 있다. 이런 정도는 교과를 단순하게 재구성하고 공부방법을 개선하는 것으로 충분히 가능하다.

시급한 대상은 고1이다. 고1이 되면 학교생활로 매우 바쁘다. 내신과 학종(학생부 종합전형)을 대비한 다양한 활동이 있다. 이런 상태에서는 선행을 병행하기가 현실적으로 어렵다. 무엇보다 학교생활과 내신이 주는 중압감을 이겨내기 어렵다. 학원에서 진행하는 저인망식 선행은 사실상 불가능하며, 많은 학생들이 실제로 동시에 진행하기 어려운 방식이다. 이때는 핵심만 정확히 잡는 '타깃형 선행'이 필요하다.

내가 볼 때 이 경우에도 매주 30분이면 충분하다. 오해가 없기를 바란다. 매일이 아니라 '매주'다. 그리고 복습도 필요 없다. 나는 실제로 여러 학생과 이런 방식으로 수업을 진행하고 있다. 목표는 물론 이과 수능이다. 내가 가르치고 있는 학생 몇 명을 예로 들어보겠다(이 책에서 학생들의 이름은 모두 가명으로 처리했다).

중2 동현이는 최상위권이다. 중2 최상위권 학생이라면 고3 수학을 바로 시작해도 아무 문제가 없다. 나는 주 1회 1시간씩 수업을 한다. 곧바로 초월함수의 그래프를 그리는 것부터 시작한다. 모르는 게 있으면 그 자리에서 설명을 한다. 동현이에게 소감을 묻자 재밌고 수업시간이 기다려진다고 한다. 이것이 매우 일반적인 반응이다. 최상위권 학생들에게 가장 비교육적인 처사는 공부의 내용이 평이하고 진도가 느슨한 것

이다. 이런 학생들이 학교에 대해 가지는 불만 중 하나는 수업이 지루하다는 것이다

중3 창민이도 최상위권이다. 학교와 지역 분위기 때문인지 선행을 거의 하지 않다가 뒤늦게 나와 함께 공부를 하게 되었다. 창민이는 이차방정식, 이차함수 등을 매우 능숙하게 다뤘다. 내가 볼 때는 쓸데없는 과잉 숙련이었다. 적당히 넘어가도 될 것을 열심히 공부한다는 이유 아래 이중삼중으로 반복 훈련한 것이다. 나는 모든 것을 젖혀두고 이과 수학을 잡기 시작했다. 최상위권의 강점은 공부할 자세가 되어 있다는 점이다. 공부할 의욕이 있고 공부할 자세가 갖춰져 있다면 진도는 그야말로 바람처럼 나간다. 창민이의 경우 다행인 것은 중3 6월 정도에 기회를 잡았다는 점이다.

그밖에도 나는 고1 여러 명과 주 1회 영상수업을 한다. 각각 30분이나 1시간 정도다. 역시 탑다운 방식이다. 고1 수학을 마치고 문과 수학을 배운 뒤 이과 수학을 해야 한다는 생각은 잘못된 고정관념일 뿐이다. 바로 이과 수학으로 직행해도 아무 지장이 없다. 내가 강조해서 가르치는 영역은 이과 수학의 난제인 삼각함수, 초월함수의 그래프 중 e, $\ln$이 포함된 그래프다. 나는 집요하게 이 세 가지를 잡는다. 중요한 것은 이과 수학의 뼈대가 되는 핵심 줄기를 정확히 잡는 것이

다. 사실 몇 달이면 가능하다. ln1, lne에 마주쳤을 때 낯설어 하지 않고 그와 관련한 기본 연산을 할 수 있는가 그리고 그것을 가지고 기본적인 그래프를 그릴 수 있는가 등이 핵심이다.

지금 고1~2인 학생은 내신과 학종에 충실하는 것이 맞다. 문제는 그와 병행할 수 있는 선행학습 경로를 짤 수 있느냐인데, 교과와 공부방법을 개선하면 얼마든지 가능하다.

중위권 학생일수록 선행이 필요하다

학원강사로서 내가 전문으로 가르친 학생들은 중3~고1 중하위권이다(지금은 초4~고1로 범위가 더 넓어졌다). 6년 전 나는 학원을 개원하면서 몇 가지 원칙을 세웠다. 학생들이 원하는 때 와서 원하는 시간만큼 공부하다 간다, 참고서를 복사하지 않고 문제를 손으로 직접 써서 준다, 철저하게 개인 맞춤형으로 수업을 진행한다, 칠판강의를 하지 않고 옆에 앉혀놓고 가르친다 등등이었다.

성과가 뚜렷했다. 학생들의 수준과 상황을 고려한 맞춤형 교육은 강력한 힘을 발휘했다. 한두 달 만에 수십 점 점수를 올리는 것은 늘 있는 일이었고, 이차방정식도 제대로 못 풀던 고2를 전교 1등으로 만들기도 했다(특성화고여서 가능하기는 했지만). 나는 이런 성과를 모아서《수포자 탈출 실전 보고서》

라는 책을 내기도 했다.

보통 학원에서는 하기 어려운 일이다. 돈이 안 되기 때문이다. 사실 나도 몇 년 그렇게 하면서 월급을 제대로 받지 못했다. '수포자'라는 말이 사회적 문제가 되고 있지만 정작 일선에서 그런 작업을 하는 사람은 시장에서 살아남을 수 없다.

중하위권 학생들을 가르치면서 절감했던 사실이 있다. 그들이야말로 교과의 간결한 설계와 명확한 목표의 설정 그리고 효과적인 선행이 필요하다는 점이었다.

중학수학은 그야말로 복마전이다. 중하위권 학생에게 학교수학의 대부분은 쓸모가 없다. 가장 중요한 것은 학생 옆에 앉아 문자연산을 하나하나 바로잡는 일이다. 중하위권 학생의 최대 문제점은 문자연산을 자의적으로 한다는 것인데, 이것만 바로잡아도 중학수학은 다한 것이나 다름없다. 이차방정식만 제대로 풀 수 있어도 중학수학 연산의 대부분이 해결되고, 고등학교에 가서 뒤늦게 공부를 한다 해도 밑천이 든든해진다.

내가 볼 때 중고등 교과에서 가장 큰 문제는 고1 수학이다. 초등수학의 교육 목표는 산수이고, 중등수학의 목표는 문자연산과 도형이다. 고등수학은 함수와 미적분이 중심이다. 그런데 중등수학과 고등수학 사이에 이도저도 아닌 내용이 너무 많이, 너무 장황하게 들어 있다. 수능의 관점에서 보면 중고등 6년은 충분히 긴 시간일 수 있다. 아니, 수능을 논외로 하더라도 수학에 대한 흥미와 재능을 꽃피우기에 충분한 시간이다. 그러나 이 중요한 시기에 정작 우리 아이들은 불필요한 것들을 지나치게 과잉 훈련하며 대부분의 시간을 허비하고, 정작 중요한 부분은 막바지에 너무 허둥지둥 배우고 있다. 왜 그래야 하는가?

문과를 지망하는 고1을 예로 들어보자. 고1 수학은 생각보다 어렵다. 고1 때 배우니 쉽고 고2 때 배우니 어려운 것이 아니다. 고1 수학은 방정식이라도 꼬아놓았기 때문에 매우 어렵고, 고2 문과 수학은 미적분이라도 기초만 가르치기 때문에 매우 쉽다. 문자연산과 함수가 제대로 잡혀 있지 않으면 고1 수학에서 좋은 성적을 내기 어렵다. 하지만 여기서 지나치게 고1 수학에 매달리면 고교수학 전체가 흔들리고 만다.

나는 기초가 약한 고1들에게 고1 수학에 너무 시간을 들이지 말고 바로 고2 수학을 공부할 것을 권하는 편이다. 특히 문과 수학은 쉽다. 매우 쉽다. 대부분의 내용이 그냥 용어 설명이거나 단순 소개 수준이다. 고3 모의고사 문제 중 3점짜리는 그냥 눈으로도 풀 수 있다. 깊이 생각할 것도 없이, 그냥 암기 과목 공부하듯이 해도 충분하다.

무엇보다 중고등 6년 전체를 하나의 시험범위라고 생각하고 공부를 설계할 필요가 있다. 이 경우 미적분 이전의 문과 수학인 수열, 지수로그, 함수, 집합과명제, 극한 등은 분수소수 계산이나 이차방정식과 크게 다르지 않다. 이차방정식을 능숙하게 풀 정도면 문과 수학 대부분이 해결된다. 따라서 중2~고1 때 고2 문과 수학 대부분을 바로 나가는 교과 재구성이 필요하다.

가능한 한 빠르게 핵심만 공부하자

우리 아이들은 중1~고2 때까지 학교와 사교육에 이리저리 끌려 다니며 진을 뺀다. 그러다가 고3이 되면 이제 링에 오르라는 다그침을 듣는다. 이때 학생들을 가장 괴롭히는 장애물이 수학이다. 너무나 많은 학생들이 수학 때문에 고생을 한다. 시험은 매우 어렵고, 경쟁은 상상하기 힘들 정도로 치열하다. 말이 재수지 대학에 떨어졌을 때 느끼는 상실감과 좌절은 이루 말할 수 없이 크다.

일선에서 너무 많은 학생들이 좌절하는 것을 지켜보면서 나는 중고등 수학 6년 과정을 다시 설계해보기로 마음먹었다. 고상한 모든 명분을 배제하고, 수능이라는 현실적 목표의 관점에서 질문해보았다. 학생들이 수능에서 좀 더 쉽게 좋은 점수를 받을 수 있는 방법은 없는가? 중위권 학생이 '인 서울'

1. 왜 수학 공부를 재구성해야 하는가?

공대에 가려면, 즉 이과 수학 3등급을 받으려면 어떻게 공부하는 것이 가장 효과적인가?

내가 얻은 해답은 간단하다. 중학교 때부터 수능 준비를 시작해야 한다는 것이다. 고등학교 수학은 중학교 수학과 별반 다르지 않으며, 상당 부분 중복된다. 인위적으로 구분해놓은 커리큘럼을 절대시할 아무런 이유가 없다. 그냥 수능에 필요한 수학을 중학생 때 곧장 하면 된다. 먼저 중학수학을 열심히 공부해야 나중에 고등수학을 할 수 있는 것이 아니다. 사실 중등수학 중 수능에 정말 필요한 내용은 10퍼센트를 넘지 않는다.

중학교 수학의 진도는 매우 느슨한 편이다. 중학수학을 어렵다고 느끼게 만드는 상당 부분은 교육적 필요가 아니라 내신의 변별을 위해 인위적으로 고안된 문제들 때문이다. 이른바 심화·응용문제라고 불리는 이런 문제들은 내신을 위해서나 필요할 뿐 딱히 대학입시와는 상관이 없다. 쓸데없이 많은 문제풀이는 수포자를 양산하고, 정작 중요한 수능이라는 목표를 앞두고 수학에 진저리를 치게 만들 뿐이다.

시대에 뒤진 인위적 커리큘럼 구분에 구애받지 않고, 중학교 때부터 최종 목표인 수능에 맞춰 일정표를 짠다면 훨씬 수월하게 준비하면서 수능 수학이 요구하는 숙련도를 쌓을 충분한 시간을 벌 수 있다. 중학교 때부터 모든 것을 가능한 한 수능과 연결시켜야 한다. 문제 하나를 풀더라도 수능 기출에서 문제를 뽑고 EBS 수능 강의를 바로 들어야 한다. 그리고 교사는 중학수학이 수능과 어떤 연관이 있는가를 알려줘야 한다.

중학생이 고등학교 수학을 이해할 수 있을까? 아마도 이 책을 읽고 있는 독자 분들도 이런 의구심을 느낄 것이다. 하지만 초등 고학년과 중학생들에게 고등수학을 오랫동안 가르치면서 내가 내린 결론은 '충분히 가능하다'이다. 아니, 오히려 우리 아이들은 더 수준 높은 수학을 얼마든지 받아들일 준비가 되어 있다. 세상은 점점 더 이과화되고 있으며, 온갖 미디어마다 고급 수학 정보들로 넘쳐난다. 상급 수학에 목말라하는 학생들에게 케케묵은 커리큘럼을 여전히 강요하는 것이야말로 폭력이다.

수능이라는 현실적 목표에 맞게 무엇을, 어떻게 공부할지를 진지하게 고민해야 한다. 쓸데없는 부분은 과감히 쳐내고 연관된 영역은 한데 묶어 공부한다면 길고 지루한 교과과정을 상당 부분 압축할 수 있다. 내가 볼 때 상위권 학생이라면 4~5년, 중위권이라도 3년 선행은 무난하다. 가능한 한 빨리, 핵심만 공부하는 것이 요령이다.

중학교 때 어떤 형태로든 고등수학 전체를 끝내는 게 좋다. 이것은 상위권에만 한정된 이야기가 아니다. 중위권이라도 고교수학 전체를 빨리 개괄하여 입시가 전체적으로 어떻게 구성되어 있는지를 파악할 필요가 있다. 그렇게 한번 체계를 잡아놓으면 이후의 공부가 한결 수월해진다. 중고등 수학 6년 교과과정을 구체적으로 어떻게 단기간에 공부할지에 대해서 이제부터 영역별로 하나하나 살펴보자.

빠르게
핵심만
수학 공부를
재구성하라

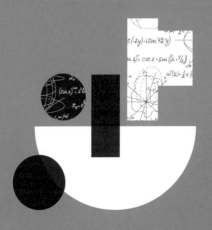

분수소수보다 루트와 지수로그가 더 쉽다

분수소수는 초등학교 4~6학년 때 나오고, 루트와 지수로그는 중3~고2 때 나온다. 당연히 전자가 쉽고 후자가 어려울 것으로 생각하지만 그렇지 않다. 후자가 더 쉽다. 초4~중1 학생을 대상으로 시험해보면 거의 예외가 없다.

특히 연산으로 들어가면 난이도 차이가 크다. $\frac{1}{2} + \frac{1}{3}$은 생각보다 어려운 개념이다. 직관적으로 들어오지 않는다. 소수도 마찬가지다. 0.34×7.37 같은 연산은 매우 어렵다. 분수소수는 1차 수포자가 대량 발생하는 영역이다.

반면 중3 때 배우는 이차방정식이나 고등수학에 필요한 루트 계산은 $\sqrt{8}$ 이나 $(\sqrt{3} + 1)^2$ 정도를 넘지 않는다. 이런 정도는 중1 중위권 정도면 충분히 계산할 수 있다. 지수로그도 그렇다. 중고등 수학을 하기 위한 지수로그 계산은 생각보다 쉽다.

따라서 초등 고학년에서 중등 저학년 무렵에 루트, 지수, 로그를 가르치는 것이 좋다. 핵심 개념을 간단히 설명해보자. 이글을 읽는 독자가 루트나 로그를 처음 배운다고 생각하고 가벼운 마음으로 따라오면 좋겠다.

$\sqrt{4}$ 란 제곱해서 4가 되는 수가 뭐냐는 뜻이다. $x^2 = 4$이므로 답은 2다. 그럼 $\sqrt{9}$ 는 얼마일까? 다시 말해, 어떤 수를 제곱했을 때 9가 되는가? 3이다. 계속해서 $\sqrt{16}$ 는 4이고, $\sqrt{25}$ 는 5이다. 여기서 예로 든 4, 9, 16, 25는 모두 무언가를 제곱한 수다.

이제 조금 더 복잡한 계산을 해보자. $\sqrt{8} = \sqrt{4 \times 2}$ 이다. 루트 안에 앞에서 언급한 제곱수가 있다. 그러면 $\sqrt{8} = \sqrt{4}$ $\times \sqrt{2}$ 라고 할 수 있다. 이것은 그냥 루트의 성질로 받아들이도록 하자. 따라서 $\sqrt{8} = 2\sqrt{2}$ 다. 계속해서 $\sqrt{12} = 2\sqrt{3}$, $\sqrt{18} = 3\sqrt{2}$ 다.

이런 정도는 초등학교 5~6학년 정도면 따라한다. 기본적으로 숫자를 통한 연산 훈련을 하는 것인데 기왕이면 중복이 되지 않도록 루트나 지수로그를 통해 연산을 하면 된다. 중3까지 가는 과정에서 루트 계산은 이 이상을 크게 넘지 않는다. 물론 복잡한 식도 있다. 그때도 쓸데없이 거기서 오래 머물이유가 없다. 그냥 진도를 나가면 된다.

로그도 마찬가지다. $\log_2 8$은 2에 몇 승을 하면 8이 되는가라는 질문이다. 3이다. 그럼 $\log_3 9$는 무엇일까? 즉 $3^x = 9$에서 x는 무엇인가라는 뜻이다. 답은 2다. 어렵지 않다. 루트와 지수의 기본을 익히려면 분수소수의 기본을 익히는 과정과 거의 동일한 수준의 노력으로 충분하다.

여기서 주목할 점이 있다. 우리는 수를 도입한 후 여기에 다양한 연산을 결합하여 세상을 이해하고 제어한다. 따라서 수와 연산에도 '시대적 레벨'이라는 것이 있다. 초기 인류에게는 더하기가 있었다. 더하기를 반복하는 과정에서 인류는 극적인 도약을 했다. 거듭해서 더하는 것을 곱셈이라 정의하고 이를 통해 큰 규모의 계산을 빠르게 진행할 수 있었다.

사실 $3 \times 4 = 12$가 되어야 할 어떤 논리적 필연성도 없다. 그냥 돌멩이 3개를 4줄씩 늘어놓고 이를 센 후 $3 \times 4 = 12$라고 표를 만들어 외운 것뿐이다. 곱셈은 더하기를 더 효율적으로 하기 위해 인간이 고안해낸 발명품이다.

그런데 지금은 곱하기로는 설명할 수 있는 게 별로 없다. 곱하기는 더하기처럼 우리 일상에 스며들어 있지만 곱하기로 설명할 수 있는 세계는 대체로 탐구가 끝났다. 그래서 등장한 것이 거듭제곱과 지수다. 대장균이 번식하고, 방사성 동위원소가 붕괴하고, 인구가 늘어나는 것이 모두 지수와 관련이 있다. 따라서 우리는 지수라는 눈높이에 맞춰 교과과정을 설계할 필요가 있다. 수학도 시대와 더불어 발전해야 한다.

| 루트와 로그의 직관적 이해 |

루트는 $x^2 = 2$에서 x를 어떻게 표시할 것이냐와 관련이 있다. 즉

$1^2 = 1$

$x^2 = 2$

$2^2 = 4$에서

1과 2 사이에 있으면서, 제곱해서 2가 되는 x를 찾는 작업과 관련이 있다. 로그도 동일하다.

$2^2 = 4$

$2^x = 5$

$2^3 = 8$일 때

2와 3 사이에 있으면서, 2에 거듭제곱을 했을 때 5가 되는 x를 찾는 작업이다. 즉 루트, 지수, 로그를 관통하는 일관된 맥락은 거듭제곱이다.

유리수 지수를 사용하면 루트가 갖는 지수적 특징이 잘 드러난다. $x^2 = 2$에서 x를 구하려면 지수 2를 제거하면 된다. $(x^2)^{\frac{1}{2}}$라고 하면 지수 2가 사라진다. 즉 좌변은 x가 되고 우변은 $2^{\frac{1}{2}}$이 된다.

데이터 시대에서 지수로그의 중요성

지수의 위력을 잘 보여주는 사례들은 무수히 많다. 두께가
0.1mm인 신문지를 50번만 접어도 높이가 1억 1,258만여 킬
로미터다(0.1×2^{50}). 사실 물리적으로는 불가능하지만 이론
적으로는 그렇다. 참고로 지구에서 태양까지의 거리가 1억
5,000만 킬로미터다. 신문지를 50번 접는 단순한 행위가 거의
지구에서 태양까지에 이르는 엄청난 값과 맞먹는 것이다.

학생들에게 지수를 가르칠 때 2^2처럼 지수의 원리를 순화
해서 가르치는 것보다 10^{10}을 실제로 써보게 하는 것이 좋다.
10,000,000,000이다. 그래야 지수가 갖는 시대적 의미를 실감
할 수 있다. 곱셈과 지수는 단순히 수식의 문제가 아니다. 그
것이 체현하고 있는 시대가 다른 것이다.

요즘 빅데이터와 관련해서 기가바이트(10^9바이트), 테라바

이트(10^{12}바이트), 페타바이트(10^{15}바이트) 등이 자주 언급된다. 이 또한 무신경하게 사용할 수도 있지만 데이터 규모가 커짐에 따라 그 의미가 달라진다. 내게 충격적이었던 것은 《와이어드》지의 편집자 크리스 앤더슨Chris Anderson의 주장이었다. 앤더슨은 2008년 발표한 〈이론의 종말〉이라는 글에서 페타바이트의 시대에서는 인과관계에 기반한 전통적인 지식이 쓸모없게 된다고 주장했다. 데이터의 규모가 엄청나게 커지고 이를 적절히 처리할 수 있는 도구가 있다면 인과관계가 없어도 상관관계만으로 충분하다는 것이다.

예를 들어, 우리 몸의 세포는 약 60조 개다. 그런데 세포 하나하나가 발신하는 다양한 정보를 수집하고 분석할 수 있다면 세포에 대한 과학적 지식이 없어도 쓸모 있는 결론을 도출할 수 있다. 가령 췌장암 환자는 손톱 밑이 검게 변한다는 사실이 데이터로 확인된다면, 우리는 췌장암을 진단하는 데 손톱을 활용할 수 있다. 데이터가 충분히 많다면 췌장암과 손톱 사이의 인과성을 굳이 파헤칠 필요가 없을지 모른다. 이것이 빅데이터의 특징이다. 데이터가 충분히 많다면 대상과 대상 사이의 필연적 인과관계가 아니라 양자 사이에 느슨한 연관이 있다는 사실, 즉 상관관계가 있다는 사실만으로 충분하다.

이 역시 숫자의 규모가 갖는 위력을 단적으로 보여준다. 페타바이트는 단순히 정보의 크기를 나타내는 것이 아니다. 데이터의 규모는 시대의 차이를 나타내는 핵심 지표이고 이를 수학적으로 표현하는 것이 지수다.

현대사회는 거미줄처럼 조밀하게 조직화되어 있다. 이때 잘 짜인 수체계가 없으면 사회가 유지될 수 없다. 5,000만 명에게 정확한 주민등록번호를 부여하고 3,000만 명에 달하는 스마트폰 가입자를 다른 모든 사람과 정확히 구분할 수 있는 인류의 소프트웨어는 수 이외에는 없다. 나름 비견될 만한 소프트웨어가 언어와 문자인데 그마저 한계가 뚜렷하다. 내 주변에만도 '유진'이라는 이름을 가진 사람이 10명이 넘는다. 이런 소프트웨어로 우주선을 만든다면 대기를 벗어나기도 전에 폭발하고 말 것이다.

이제 우리는 수소 원자의 지름을 표기하고 계산한 후 더 깊은 곳으로 진입하려 하고 있다. 그런데 $\dfrac{1}{10000000000}$ 같은 무거운 것을 계속 끌고 다닐 수는 없지 않은가? 그래서 이런 조작을 했다.

$$10^2 = 100$$

$$10^1 = 10$$

$$10^0 = 1$$

$$10^{-1} = \frac{1}{10}$$

$$10^{-2} = \frac{1}{100}$$

......

$$10^{-10} = \frac{1}{10000000000}$$

이제 수소 원자의 지름을 10^{-10}으로 간단히 표기할 수 있다. 이를 사용하면 우리는 원자 안의 세계를 자유롭게 다룰 수 있다. 예를 들어, 수소 원자 3개의 지름은 3×10^{-10}이다. 매우 작은 수를 지수로 처리하고자 했던 시도는 극미의 세계를 통제하려는 인류의 노력을 반영한다.

지금은 대다수의 사람들이 구구단을 편하게 받아들이고 어려움 없이 사용한다. 수학 또한 시대와 함께 발전한다. 이제 우리는 지수를 구구단처럼 대중화할 수 있다. 곱하기는 곱하기가 체현한 시대적 높이가 있고, 지수는 지수가 대변하는 시대적 높이가 있다. 지수가 대중화되는 순간 인류의 지적 레벨도 함께 상승하게 될 것이다.

전개와 인수분해, 방정식과 부등식은 한꺼번에 배우자

중1~고1 때까지 다양한 다항방정식과 연립방정식을 배운다. 고등수학에 가면 다항방정식을 활용한 지수로그 방정식 등을 다룬다. 방정식에서 결정적으로 중요한 것은 모르는 대상을 x로 놓고 일정한 연산 절차를 통해 해결한다는 발상과 관점이다. 이것이 수학이 인류 문명사에 미친 가장 위대한 업적이다.

예를 들어보자. 1,000원짜리 볼펜을 한 자루 사면 1,000원이다. 나는 이렇게 대답하지 말라고 가르치는 편이다. 1,000원짜리 볼펜 한 자루를 사면 1,000원이라는 것을 모르는 학생은 없다. 지금 중요한 것은 규칙과 패턴을 통해 그것을 일반화하는 작업이다.

그렇다면 두 자루를 사면 어떨까? 2,000원이 아니다. 다시 대답해보기 바란다. 중요한 것은 우리에게 주어진 1,000원에 기초해 대답하는 것이다. 답은 1000×2원이다. 이제 우리는 수학이 인류 지성사에 미친 역사적인 작업을 할 수 있다. 몇 자루를 샀는지 모르겠는데 5,000원을 지불했다. 우리는 잘 모르는 몇 자루를 x라고 놓고 이를 $1000 \times x = 5000$이라고 말할 수 있다.

허망하게 생각할지 모르겠다. 내가 학생들과 즐겨 노는 문제가 있다. 2, 5, 8, 11……이라는 수열이 있다. 규칙이 보이는가? 3씩 커진다. 등차수열이라고 한다. 이렇게 숫자를 늘어놓으면 어딘가에 92가 있다. 92는 몇 번째 수인가? 92가 너무 작다고 생각한다면 902쯤으로 해도 좋다. 중요한 것은 숫자를 일일이 늘어놓지 않고 방정식을 이용해 푸는 것이다.

여기서도 중요한 것은 x다. 우리는 주어진 방정식을 푸는 연습을 많이 하지만 중요한 것은 어떤 현상을 수학적으로 가공하여 방정식을 세우는 일이다. 우리에게 주어진 것은 3씩 커진다는 규칙밖에는 없다. 첫 번째 수는 2다. 두 번째 수를 5라고 하지 말아야 한다. 2번째 수가 5인 것은 $2+3$이기 때문이다. 중요한 것은 답이 아니라 규칙과 패턴을 자연스럽게 드러내는 일이다. 그럼 세 번째 수는 $2+3+3$이고 100번째 수는 $2+3+\cdots+3 = 2+3 \times 99$다.

여기서 한발 더 나가보자. 질문이 100번째 수를 묻는 것이므로 답도 100과 연관지어 설명해야 한다. 첫 번째 수가 2여서 99가 된 것이기 때문에 $2+3\times(100-1)$이 맞다. 자, 이제 끝났다. 92를 x번째라고 하면 방정식은 $2+3\times(x-1)=92$다. 여기서 중요한 것은 이렇게 x가 갖는 의미를 찾고 방정식을 세우는 과정이다. 그리고 적절한 수준의 연산을 배우면 끝이다.

중1~고1 때 문자를 활용한 다양한 주제들이 등장한다. 중2때 $(x+1)(x+2)=x^2+3x+2$를 가르치고, 이것을 '전개'라고 부른다. 중3 때는 이 과정을 거꾸로 진행하여 '인수분해'를 가르치고, 얼마 지나서는 식을 0과 등치시킨 후 '이차방정식'이라고 부르고 이를 풀라고 한다. 고1 수학의 삼차방정식 풀이까지를 포함하여 전부 하나로 놓고 가르치는 것이 좋다. 불필요하게 세분하면 학생들이 전체적인 윤곽을 파악하지 못하게 된다. 수학을 자꾸 지엽화하면 대세를 놓친다.

가령 $x^2+3x+2=0$을 푼다고 하면 다음과 같은 교수법이좋다. 먼저 위 식을 인수분해하여 $(x+1)(x+2)=0$을 쓴다. 그러고는 학생에게 이를 전개하여 전자가 나옴을 확인하게한다. 전개는 이 과정에서 익히고, 인수분해와 전개 사이의 관계를 확인하는 효과가 있다. 그런 다음 $x=-1$, $x=-2$ 하면끝난다. 이차방정식 중 인수분해로 해결 가능한 유형은 이런과정을 반복하고, 차츰 수준을 높여가며 몸에 익히도록 한다.

또한 방정식을 가르칠 때 지수방정식, 로그방정식을 당연히 함께 가르쳐야 한다. 이것을 따로 가르치는 것 자체가 이해가 되지 않는다. 부등식 또한 학생들의 수준을 고려해서 가능한 한 한꺼번에 가르치는 것이 좋다. 방정식과 부등식은 본질적으로 하나다. 어떤 미지의 대상을 x로 놓고 일정한 대수적 절차를 밟아 문제를 해결하는 것이다. 일차방정식, 이차방정식 하는 구분은 그 안에서 벌어지는 지엽적인 구분이다. 마치 우리가 구구단을 배울 때 1학년 때는 2단, 2학년 때 3단을 따로 배우지 않는 것과 같다.

이차방정식은 철저히 반복 연습하자

문자와 연산, 방정식과 부등식은 본질적으로 하나다. 이것들을 세분하지 말고 이차방정식을 푸는 과정에서 모든 것을 한꺼번에 배울 수 있다.

이차방정식이 중학수학 전체에서 중요한 이유는 그 풀이를 통해 각종 문자연산에서 요구되는 세밀한 숙련을 할 수 있기 때문이다. 인수분해가 되는가 안 되는가를 판단하는 과정, '근의 공식'에 들어 있는 루트 안의 계산, x의 계수가 짝수일 때 마지막 순간에 약분하거나 아예 '짝수 공식'을 사용하는 경우 등이 그렇다. 이를 능숙하게 사용할 수 있다면 '문자와 식'이라는 단원에서 학생들에게 기대하는 거의 모든 것이 해결된다.

특히 이 점은 중위권 학생에게 매우 중요하다. 중하위권 학생들의 결정적인 약점은 적지 않는 시간을 공부했음에도 정작 정밀한 문자연산을 하지 못한다는 점이다. 이는 많이 공부한다고 되는 것이 아니고 하나라도 정확히 공부해야 해결된다. 근의 공식에서 루트 안의 계산을 정확히 하고, x의 계수가 짝수인 경우를 정확히 계산하는 훈련을 반복하는 것이 좋다. 하지만 그 이상의 공부는 주의를 분산시켜 역효과를 낸다.

또한 이차방정식은 고등학교 교과과정에서 빈번하게 나오는 기본 기술이다. 고1 학생들이 뒤늦게 공부하려 하지만 애를 먹을 때가 이차방정식을 제대로 풀지 못할 때다. 이것은 중학생인데 아직 구구단을 모르는 것과 같다.

상위권(여기서 상위권이라 함은 중1 기준이다)이라면 '근의 공식' 유도를 목표로 할 것을 권한다. 수학도 어떤 목표를 정해놓고 공부하는 것이 좋다. 초6~중1 상위권이면 쓸데없이 늘어놓지 말고 근의 공식을 유도한다는 하나의 목표를 정해놓고, 이를 해결하면 다음 단계로 나가는 식으로 하는 것이 좋다.

여기에 내가 가르치고 있는 학생 한 명의 사례를 소개한다. 유나는 초등학교 5학년이다. 나는 유나가 4학년일 때부터 주1회 30분씩 영상으로 수업을 하며 이차방정식을 함께 풀었다. 1단계는 다양한 인수분해를 유형별로 처리하는 것이다. 2단계는 근의 공식을 소개하고 공식에 숫자를 대입하여 풀게 한다. 3단계는 인수분해가 되는 것과 그렇지 않은 것을 구분하고 그에 맞춰 푸는 것이다.

5학년이 되었지만 아직은 서투르다. 나는 적당한 시간 간격을 두고 이차방정식을 반복한다. 구구단을 한꺼번에 몰아서 외울 이유가 없기 때문이다. x의 계수가 짝수인 경우를 근의 공식에 대입하여 풀면 마지막 순간에 반드시 약분해야 할 일이 생긴다. 유나도 이 상황에 마주쳤다. 초5치고는 상당한 집중력을 통해 이를 풀었다. 나는 그냥 지켜보다 근의 공식의 베타 버전인 짝수 공식을 소개했다. 짝수 공식을 능숙하게 사용하면 이차방정식은 한두 줄로 끝난다. 유나는 가벼운 탄성을 보이며 반응했다. 앳된 얼굴의 어린 소녀가 이차방정식을 풀며 기뻐하는 모습은 오랫동안 기억될 인상적인 장면이었다.

| 근의 공식과 짝수 공식 |

$ax^2 + bx + c = 0 \, (a, b, c$는 상수이고 $a \neq 0)$에서

근은 $x = \dfrac{-b \pm \sqrt{b^2 - 4ac}}{2a}$이다. (근의 공식)

그리고 일차항의 계수가 짝수일 경우, 즉

$ax^2 + 2b'x + c = 0 \, (a, b', c$는 상수이고 $a \neq 0)$에서

근은 $x = \dfrac{-b' \pm \sqrt{b'^2 - ac}}{a}$이다. (짝수 공식)

수열을 일찍 가르쳐야 하는 세 가지 이유

수열은 수학에서 여러 가지 중요한 함의를 가진다. 첫째는 계산을 하는 기본 테크닉에 해당한다. 위대한 수학자 가우스가 10살 때 했다는 1부터 100까지 더하기가 대표적이다. 둘째는 패턴과 규칙을 찾는 작업이다. 이는 문자연산이나 함수와 맥을 같이 한다. 셋째는 극한과 연관되어 있다. 세 가지 관점 모두에서 수열을 일찌감치 적극적으로 가르치는 것이 좋겠다.

우선, 수열은 초등학생과 공부하는 데 유익하다. 가우스의 공식 이외에도 매우 다양한 조합들이 있다. 이 과정에서 고등수학에 나오는 몇 가지 공식을 자연스럽게 가르치는 것이 좋다. 특히 홀수항의 합과 등비수열의 합 공식을 자연스럽게 익히는 것이 좋다.

가우스는 10살 때 1부터 100까지의 합을 아래와 같이 계산했다.

$x = 1 + 2 + 3 + \cdots\cdots + 99 + 100$

$x = 100 + 99 + 98 + \cdots\cdots + 2 + 1$

$2x = 100 \times 101$

$x = 5050$

이와 관련한 다양한 응용이 있다. 위와 같은 계산이 가능한 이유는 위 수열이 등차수열이기 때문이다. 가령 $2 + 4 + 6 + \cdots\cdots + 38 + 40$, $1 + 3 + 5 + \cdots\cdots + 13 + 15$ 등이다. 학생의 상태를 고려하여 분수와 소수뿐 아니라 수열을 통해서도 다양한 연산 훈련을 할 수 있다.

수열 중에서 등비수열의 합과 무한등비급수의 합을 가르칠 필요가 있다. 등비수열의 합 공식은 고등수학에서 매우 중시된다. 그런데 이것은 굳이 문자를 도입하지 않아도 쉽게 계산할 수 있다. 여기에 덧붙여 무한등비급수의 합도 함께 해결하면 좋다.

$x = 1 + 2 + 4 + 8$

$$2x = 2 + 4 + 8 + 16$$

둘의 차를 구하면 $x = 16 - 1$이다. 2를 곱한 이유는 공비가 2이기 때문이다. 그러면 중간 항들이 마법처럼 사라진다. 등비수열의 성질을 활용한 교묘한 계산이다. 연장선에서 $1 + \dfrac{1}{2} + \dfrac{1}{4} + \cdots$도 구할 수 있다. 수열의 합을 구하는 시그마(Σ)를 더 일찍 가르칠 필요가 있다. 시그마를 배우는 과정에서 기호를 다루는 힘을 기를 수 있기 때문이다.

| 등차수열과 등비수열의 합 |

등차수열의 일반항은 $a_n = a + (n-1)d$이다. 온통 문자이고 아래첨자도 등장한다. 너무 추상적이라 받아들이기 쉽지 않다. 너무 어려우면 그냥 외우게 된다. 이 경우 추상 수준을 한 단계 낮출 필요가 있다. 위에서 했던 것처럼 수열을 늘어놓은 후 차츰차츰 등차수열의 일반항으로 나아가는 것이다.

등비수열의 합도 유사하다. 등비수열의 합은 $\dfrac{a(1 - r^n)}{1 - r}$이다. 자칫하면 덮어놓고 외우게 된다. 이 공식을 문자로 다루면 난이도가 높지만 본질적으로 가우스 덧셈과 차이가 없다. 수열은 추상 수준을 낮춰 일찍 가르칠 수 있다.

2. 빠르게 핵심만 수학 공부를 재구성하라

둘째, 수열이 중요한 이유는 패턴과 규칙을 찾는 작업 때문이다. 수열은 초등수학에서 고등수학까지 넓게 공유할 수 있는 분야 중 하나다. 그중 학생들과 함께 하면 좋은 내용이 바로 이 대목이다.

예를 드는 것이 좋겠다. 다음은 2012년 고3 7월 모의고사 문제다.

29. 다음은 n층 카드탑에 대한 설명이다.

> I. 1층 카드탑: 두 장의 카드를 맞대어 세운 것.
>
> II. 2층 카드탑: 1층 카드탑 두 개를 나란히 세우고 그 위에 가로로 한 장의 카드를 올려놓은 후 그 위에 1층 카드탑을 쌓은 것.
>
> III. 3층 카드탑: 1층 카드탑 세 개를 나란히 세우고 그 위에 가로로 두 장의 카드를 올려놓은 후 그 위에 2층 카드탑을 쌓은 것.
>
> IV. n층 카드탑: 1층 카드탑 n개를 나란히 세우고 그 위에 가로로 $(n-1)$장의 카드를 올려놓은 후 그 위에 $(n-1)$층 카드탑을 쌓은 것.

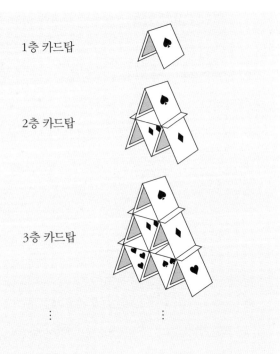

1층 카드탑

2층 카드탑

3층 카드탑

⋮   ⋮

n층 카드탑을 만드는데 필요한 카드의 개수를 a_n이라 할 때, a_{20}의 값을 구하시오. [3점]

1층은 2×1이고 2층은 $2 \times 1 + 1 + 2 \times 2$다. 3층은 $2 \times 1 + 1 + 2 \times 2 + 2 + 2 \times 3$이다. 20층이라면 $2 \times 1 + 1 + 2 \times 2 + \cdots\cdots + 17 + 2 \times 18 + 18 + 2 \times 19 + 19 + 2 \times 20$이다. 이를 재배열하면 $2 \times 1 + 2 \times 2 + \cdots\cdots + 2 \times 20 + 1 + 2 + \cdots\cdots$

$+19＝610$이다.

　고등수학의 테크닉을 활용하는 것도 좋다. 1층을 편의
상 a_1이라고 하자. 그러면 $a_1＝2×1$이다. 고등수학의 테크
닉 중 하나는 a_2를 a_1의 연관성 속에서 설명하는 것이다.
$a_2＝a_1+1+2×2$다.

　$a_1＝2×1$

　$a_2＝a_1+1+2×2$

　……

　$a_{20}＝a_{19}+19+2×20$

　양변을 모두 더하면 $a_1{\sim}a_{19}$이 사라지고 $a_{20}＝2×1+1+2×$
$2+\cdots\cdots+19+2×20$이다.

　지금은 교과과정에서 빠졌지만 과거에는 계차수열이 있었
다. 등차수열, 등비수열과 함께 계차수열도 가르치는 것이 좋
다. 수열의 다양한 테크닉을 종합적으로 훈련할 수 있기 때문
이다. 계차수열은 다음과 같은 수열이다. 1, 2, 4, 7……. 즉 항
과 항의 차에 일정한 규칙이 있는 것이다. 점화식의 테크닉을
활용해 100번째 항을 구하면 다음과 같다.

$$a_1 = 1$$

$$a_2 = 1 + 1$$

$$a_3 = 1 + 1 + 2$$

......

$$a_{100} = 1 + (1 + 2 + \cdots + 99)$$

이런 문제는 재밌다. 고3 문제임에도 초등학생도 얼마든지 풀 수 있다. 무엇보다 수학의 본질 중 하나인 규칙과 패턴을 찾고 이를 일반화하는 작업을 익힐 수 있다.

셋째, 수열을 잘 활용하면 극한을 자연스럽게 가르칠 수 있다. 극한을 빨리 가르쳐야 하는 이유는 극한이 고등수학에서 중요한 고비가 되기 때문이다.

1, 2, 3……과 같은 수열이 있다. 항을 무한대로 보내면 수열은 어디로 갈까? 무한으로 간다. 이를 식으로 표현하면 $\lim_{n \to \infty} n$ 이다. 특별히 어려운 것이 없다. 하지만 고등학생들은 $\lim$(리미트)를 낯설어한다. 어렸을 때부터 적응력을 기르면 된다. $\frac{1}{1}, \frac{1}{2}, \frac{1}{3}$……이라면 어떨까? 0이다. 역시 이를 수식으로 표현하면 $\lim_{n \to \infty} \frac{1}{n} = 0$이다.

조금 더 나아가보자. 고등학교 2학년 정도에서 하는 계산인데 생각보다 쉽다. $\frac{1}{1}, \frac{2}{2}, \frac{3}{3}$……과 같은 수열이 있다. 이를 무한으로 보내면 어떻게 될까? 즉 $\lim_{n \to \infty} \frac{n}{n}$ 은 무엇인가? 모든 항이 1이다. 답은 1이다. 그럼 여기서 다시 조금 응용해보자. $\frac{1}{1+1}$, $\frac{2}{2+1}$, $\frac{3}{3+1}$ ……과 같은 수열은? 우리나라 수학의 결정적인 약점은 실제로 해보면서 추론하는 작업을 제대로 하지 않는다는 점이다. 실제로 계산해보면 된다. 각각 0.5, 0.666, 0.75이다. 점점 커짐을 알 수 있다. 아예 숫자를 키워보면 더 분명해진다. 100번째 항이면 $\frac{100}{100+1} = 0.99$ ……이므로 분모에 있는 '더하기 1'은 점점 무력해진다. 고등학생들은 이를 공식처럼 외운다. 하지만 이것을 외울 필요가 있을까.

이제 조금 어려운 문제에 도전해보자. 여기서 어렵다는 것은 실제로 그렇다는 것이 아니고 교과과정상의 문제로 어렵게 느껴진다는 의미다.

$\sqrt{2} - \sqrt{1}$, $\sqrt{3} - \sqrt{2}$, $\sqrt{4} - \sqrt{3}$ ……과 같은 수열이 있다. 무한으로 가면 어떻게 될까? 기호로는 $\lim_{n \to \infty}(\sqrt{n+1} - \sqrt{n})$ 은 무엇이냐는 의미다. 복잡하게 생각하지 말아야 한다. 그냥 계산하면 된다. 첫째 항은 0.41……이고 두 번째 항은 0.31……이다. 항이 커짐에 따라 점점 작아진다. 마찬가지로 적당히 큰 값을 대입하면, 즉 100이면 $\sqrt{101} - \sqrt{100} = 0.0498$ ……이다. 항이 커지면 앞의 루트 안에 있는 '더하기 1'의 의미는 거의 사라진다. 이것이 무한의 세계의 특징이다.

수열의 극한은 함수의 극한으로 가기 위한 사전 공정이다. 수열의 극한을 잘 활용하면 함수의 극한을 자연스럽게 받아들일 수 있다.

위 문제는 고3 수능 문과 3점 정도에 해당한다. 그런데 고2가 되면 학생들은 갑자기 바보가 되는 경향이 있다. 시그마, 리미트, 인티그럴 등 낯선 기호에 주눅이 든다. 덕분에 근사한 풀이가 따로 있다고 생각한다. 특별한 훈련이 필요한 것도 있지만 그냥 대입만 해도 해결되는 문제가 적지 않다. 고등수학이라고 해봐야 대단한 것을 가르치는 게 아니라 그냥 소개하는 정도다. 따라서 대입해보는 정도로 해결되는 문제도 상당하다. 문제는 두려움인데, 교과를 소개하는 것보다 중요한 것은 학생에게 수의 패턴을 찬찬히 음미할 기회를 주는 것이다.

닮음, 삼각함수, 무한등비급수는 서로 통한다

고대 그리스의 수학과 철학에서 '닮음'은 매우 중요한 주제였다. 피타고라스는 우주가 수로 구성되어 있다고 보았다. 이때의 수는 자연수와 자연수의 비율로 구성된 것이다. 피타고라스의 철학이 그러했던 만큼 닮음은 그리스 수학에서 중요한 지위를 차지한다.

그런데 닮음은 또 다른 뿌리를 갖고 있다. 그중 하나가 삼각비다. 삼각비는 고등학교 수학의 삼각함수로 연결되어 현대수학의 강력한 기반이 되었다. 다른 하나는 무한등비급수다. 여기에서도 닮음이 주요 주제다. 덕분에 닮음은 중고등 수학 전체에서 이중삼중으로 중복되어 있다. 불필요한 중복이다. 우스운 것은 그러는 과정에서 수학이 더욱 복잡해졌다는 점이다. 몇 가지 예를 드는 것이 좋겠다. 비교해보면 좋을 듯하다. 중2 닮음에서 다음과 같은 증명을 보자.

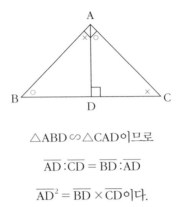

$$\triangle ABD \backsim \triangle CAD \text{이므로}$$

$$\overline{AD} : \overline{CD} = \overline{BD} : \overline{AD}$$

$$\overline{AD}^2 = \overline{BD} \times \overline{CD} \text{이다.}$$

간단한 듯하지만 실제로 해보면 생각보다 복잡하다. 삼각
함수를 이용하면

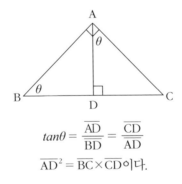

$$tan\theta = \frac{\overline{AD}}{\overline{BD}} = \frac{\overline{CD}}{\overline{AD}}$$

$$\overline{AD}^2 = \overline{BC} \times \overline{CD} \text{이다.}$$

중3 피타고라스의 정리에서 정삼각형의 높이를 구하는 과정을 소개하면 다음과 같다.

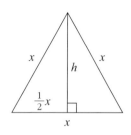

$$x^2 = \left(\frac{1}{2}x\right)^2 + h^2$$
$$h^2 = \frac{3}{4}x^2$$
$$h = \frac{\sqrt{3}}{2}x \text{이다.}$$

반면 삼각함수를 이용하면

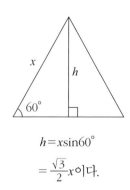

$$h = x\sin 60^\circ$$
$$= \frac{\sqrt{3}}{2}x \text{이다.}$$

닮음을 중학수학의 관점에서만 보면 활용의 폭이 작아진다. 이는 삼각함수가 갖고 있는 내용에 비하면 매우 큰 손실이다.

두 개의 삼각형이 서로 닮았을 때 중학생이라면 $2:1=4:x$처럼 비례식으로 풀 것이다. 이렇게 풀 수 있는 이유는 각도가 같으면 변과 변 사이의 비가 일정하기 때문이다. 삼각비는 이 값에 특별한 이름을 붙인 것이다. 마치 원주율을 π(파이)라고 부르는 것과 같다. 가령 직각삼각형에서 각도가 30도일 때 빗변과 30도에 마주한 변의 비 값은 $\frac{1}{2}$이다. 즉 $\sin 30°$는 $\frac{1}{2}$이라는 특정한 수다. 이는 $\sin 30°$를 하나의 숫자처럼 다룰 수 있음을 의미한다. 따라서 우리는 직각삼각형을 다음과 같이 쓸 수 있다. 나아가 각도를 모를 경우에도 그렇게 할 수 있다.

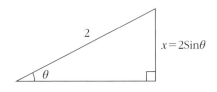

이렇게 되면 삼각비를 대수적으로 활용할 수 있다. 고등수학에는 삼각비가 수식에 들어 있는 경우를 무수히 본다. 대표적인 것이 '코사인 법칙'이다. 이런 과정을 거쳐 삼각함수는

자연을 설명하는 강력한 수학적 도구가 된 것이다.

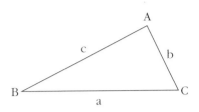

$$a^2 = b^2 + c^2 - 2bc \cos A$$

이과 수학의 주요한 난관 중 하나가 삼각함수다. 학생들은 전체적으로 보면 유사한 내용을 이중삼중으로 배웠지만 정작 링에 올라 어쩔 줄 모르는 초보자와 같다. 이 경우는 너무 많은 것을 산만하게 배운 것이 화근이다. 삼각함수를 중심으로 간단하게 재구성하는 것이 옳다.

모든 함수와 그래프를 같이 배우자

함수와 방정식을 다룰 때 루트, 지수, 로그를 함께 다뤄야 한다. 이것들을 따로 가르치는 것 자체가 이상하다. 일·이차함수를 가르칠 때 당연히 분수함수, 지수함수, 로그함수를 함께 가르쳐야 한다. 오히려 이러한 통합 강의가 함수를 개괄적으로 이해하는 데 유익하다. 함수라고 해놓고 일·이차함수만 따로 떼어놓고 과도하게 오래 가르치는 것은 심각한 문제다.

함수에서 가장 중요한 것은 그래프다. 변화의 양상과 궤적을 간명하게 표현해주기 때문이다. 따라서 함수에서는 그래프를 그리고 해석하는 문제들이 매우 중요하게 취급된다.

일반적으로 이차함수를 그릴 때 완전제곱식으로 식을 정리한 뒤 평행이동과 대칭이동을 이용해 그래프의 개형을 그린다. 이 과정은 함수와 미분 사이의 연계를 약화시킨다. 예를 들어,

$$y = x^2 + 2x + 3$$
$$\quad = x^2 + 2x + 1 + 2$$
$$y - 2 = (x+1)^2$$

이렇게 정리한 뒤 이를 평행이동하여 그리고 꼭짓점이라고 부른다. 이차함수는 그냥 함수의 하나다. 위와 같은 방식으로는 이차함수만 다룰 수 있다. 일차함수는 직선이고, 삼차함수에는 아예 꼭짓점이라는 개념이 없다. 함수는 미적분을 하기 위해 도입된 개념이다. 따라서 모든 함수에 관통하는 일반적인 개념이 있다. 바로 '극값'이다. 따라서 그냥 극값을 가르치면 된다.

꼭짓점을 가르칠 필요가 있다면 여타 함수 모두를 함께 가르쳐야 한다. 가령 $y = \sqrt{x}$, $y = 2^x$, $y = \log_2 x$, $y = |x|$, $x^2 + y^2 = 1$, $y = \frac{1}{x}$ 등 고등수학에 나오는 함수 모두를 함께 놓고 그래프의 모양, 평행이동, 대칭이동을 가르쳐야 한다. 그래야 완전제곱식을 왜 만들고 꼭짓점을 구하는 과정이 왜 평행이동인가를 이해할 수 있다.

중3 학생들이 이차함수를 그리는 과정을 보면 정말 뜬금없다. 중위권 학생들은 무슨 소리인지도 모르고 그림을 그린다. 이것은 학생 탓이 아니다. 교과서 서술 체계의 문제다. 가령

$y = -x^2 + 2x + 1$을 교과서대로 가르치면 다음과 같다.

$$y = -(x^2 - 2x) + 1$$
$$= -(x^2 - 2x + 1 - 1) + 1$$
$$= -(x^2 - 2^x + 1) + 1 + 1$$
$$= -(x - 1)^2 + 2$$
$$y - 2 = -(x - 1)^2$$
$$-(y - 2) = (x - 1)^2$$

이와 같이 정리한 후 평행이동, 대칭이동의 원리를 이용해 그려야 한다. 그런데 이 과정이 매우 복잡하여 다수의 학생들이 외워서 푼다. 이 과정에서 정작 평행이동, 대칭이동이 갖는 문제의식은 사라지거나 엷어진다.

위 과정은 $y = -\sqrt{x - 1} + 2$를 $-(y - 2) = \sqrt{x - 1}$로 정리하는 것과 동일하다. 이렇게 다양한 함수를 비교하는 과정을 통해 학생들은 평행이동과 대칭이동의 본질을 선명하게 이해할 수 있다. 아예 이차함수, 유리·무리함수라고 이름을 달지 말고 '함수의 평행이동, 대칭이동'으로 제목을 다는 것이 훨씬 실전적이다.

수학을 대하는 태도를 결정하는 기호 ― 마이너스

초등에서 중등으로 올라갈 때 가장 중요한 개념 중 하나가 마이너스다. 학교수학에서는 수를 자연수-정수-유리수 등으로 구분해놓았는데 이는 학자의 관점에서 분류한 것이다. 수학사의 관점이나 현장의 관점에서 보면 음수는 매우 특별한 지위를 갖는다.

수의 역사에서 보면 음수보다 자연수, 분수, 무리수가 먼저 나왔다. 왜냐하면 분수나 무리수는 눈에 보이기 때문이다. 반면 음수는 자연계에 존재하는 눈에 보이는 수학적 대상이라기보다는 인공적으로 만들어낸 수학적 대상이다.

마이너스는 자연계에 밀착된 수학을 인공적이고 형식적인 수학으로 발전시켰다. 그리고 이러한 태도가 고등수학을 하는 데 매우 중요하다. 따라서 마이너스를 배울 때 가장 중요한 것은 계산이 아니라 태도와 철학이다.

설명이 필요할 듯하다. 3＋4＝7이다. 이는 사과 3개에 사
과 4개를 더하면 사과 7개가 된다는 자연현상과 대응한다.
3－1＝2인 것은 사과 3개에서 사과 1개를 빼면 사과 2개
가 된다는 것과 일치한다. 그런데 다음은 어떨까? 3×(－1),
(－1)－(－3) 등등. 이 지점에서 수학은 이전과는 전혀 다른
태도를 취하기 시작한다. 자연현상을 대변하던 수학에서 사람
의 상상력을 극대화하는 방향으로 발전하기 시작한 것이다.

3×(－1)＝－3인 이유는

$3 \times 3 = 9$

$3 \times 2 = 6$

$3 \times 1 = 3$

$3 \times 0 = 0$

$3 \times (-1) = \square$

3씩 줄어듦으로 □에 들어갈 수는 －3이기 때문이다.

3×(－1)＝－3에 대응하는 자연현상은 없다. 물론 그런 자
연현상을 생각할 수는 있다. 그러나 이는 3×(－1)＝－3이라
는 사실을 응용한 것일 뿐이다. 반면 3＋2＝5는 사과 3개 더

하기 사과 2개라는 자연현상을 수학적으로 표현한 것이다. 후자에서는 먼저 현실이 있고 다음에 수학이 있다면, 전자에서는 상상을 통해 만들어낸 수학을 현실에 적용한 것이다.

중학수학의 하이라이트 중 하나는 마이너스 곱하기 마이너스가 왜 플러스인가다. 이는 중고등 수학 전 과정을 관통하는 수학적 태도를 결정한다. 따라서 어렵더라도 본격적으로 가르쳐야 한다. 중학교 졸업자격시험이 있다면 필자가 반드시 집어넣어야 한다고 보는 몇 가지 문제 중 하나다.

앞에서 $3 \times (-1) = -3$을 정의했다(만들어냈다). 이제 $3 \times 2 = 2 \times 3$처럼 교환법칙이 성립한다면 좋을 것이다. $(-1) \times 3 = -3$이다. 자, 이를 이용해 마이너스 곱하기 마이너스가 플러스가 되도록 정의해보자. 양변에 2를 곱하면,

$$(-2) \times 3 = -6$$

$$(-2) \times (4-1) = -6$$

$$(-2) \times 4 + (-2) \times (-1) = -6$$

$$-8 + \square = -6$$

$\square$ 안에 어떤 수가 들어가면, 즉 $(-2) \times (-1)$을 뭐라고 정의하면 위 등식이 만족하는가? 여기서 답보다 중요한 것은 질

문이다. 우리는 위 수식을 전개하는 과정에서 이에 대응하는 자연현상에 대해 전혀 생각하지 않았다. 그저 수와 연산 사이의 관계만을 형식적으로 고려했다. 그리고 마지막 질문도 황당하다. 우리의 질문은 $(-2) \times (-1)$이 무엇인가를 묻고 있는 것이 아니라 저 등식이 성립되기 위해서는 위 계산이 무엇이어야 하느냐고 묻고 있다.

어린 시절 누구나 장난스럽게 했던 다음과 같은 놀이에 수학의 본질이 있다.

$$\triangle \& 1 = 3$$

$$\triangle \& 3 = 4$$

$$\triangle \& 5 = 5$$

$$\triangle \& 7 = ?$$

6라고 하면 무난하다. 여기서 $\triangle$와 &는 코끼리, 기린으로 바꾸어도 상관없다. 심지어 1, 3, 5를 각각 염소, 낙타, 호랑이로 바꾸어도 상관없다. 우리는 코끼리, 기린이 무엇인가에 대해서는 관심을 두지 않는다. 그것은 그냥 기호일 뿐이고 중요한 것은 기호들 사이의 (형식적인) 관계다.

고등수학은 이런 내용으로 가득하다. 가령 2의 0제곱은 1이다. 도대체 2를 0번 곱한다는 것이 무슨 뜻인가? 아무런 의미도 없다. 그냥 그렇게 정한 것뿐이다.

$$2^3 = 8$$

$$2^2 = 4$$

$$2^1 = 2$$

$$2^0 = 1$$

중학수학에서 반드시 다뤄야 할 내용 중 하나가 마이너스 곱하기 마이너스가 왜 플러스인가다. 중요한 것은 답이 아니라 왜 그렇게 약속했는가 하는 질문과 배경이다. 중학수학을 경계로 그 이전 수학은 자연현상을 수학적으로 표현한 것이라면 그 이후는 인간이 자연현상을 설명하기 위해 상상(착안)한 측면이 강하다. 따라서 마이너스 곱하기 마이너스가 플러스가 되는 이유를 이해하는 과정에서 고등수학의 저변에 흐르는 정신세계를 자연스럽게 받아들일 수 있다.

상위권이라면, 특히 문과적 성향이 있는 학생이라면 반드시 마이너스 곱하기 마이너스가 왜 플러스인가를 시간을 내서라도 가르쳐야 한다. 수학은 하면 할수록 철학과 유사하다는 생각이 든다. 문과 학생들이 쉽게 수학을 포기하는 경향이 있는데, 이는 청소년 시절 꼭 배워야 할 기본 소양을 놓칠 수 있다는 점에서 매우 아쉬운 부분이다.

중1이 되면 어린아이 같던 아이들이 청소년이 되기 시작한다. 청소년이 되면 아이들은 엄마아빠 중심의 세계에서 벗어나 친구와 이웃, 역사와 과학에 대해 관심을 갖는다. 수학과 과학에 특별한 재능과 관심을 보이는 학생들이 꽤 많다. 특히 어려서부터 많은 것을 보고 들었던 학생들의 재능과 관심은 눈부시다. 이 학생들에게 수학은 매력적인 장난감이다. 이들에게 마이너스 곱하기 마이너스가 왜 플러스인가라는 질문은 분명히 새로운 세계를 열어줄 것이다.

2. 빠르게 핵심만 수학 공부를 재구성하라

수 체계는 역사적 맥락과 함께 배우자

중학수학은 수 체계를 중시한다. 수학의 기초가 수인 만큼 당연하다고 볼 수 있다. 그런데 수 체계를 설명하는 과정에서 역사적 맥락을 함께 소개할 필요가 있다.

자연수, 유리수, 무리수는 자연현상을 수학적으로 표현하는 과정에서 출현했다. 이 수들은 자연현상을 통해 가시적으로 확인할 수 있다. 자연수라면 돌멩이 2개, 유리수라면 피자 $\frac{1}{3}$ 조각, 무리수라면 가로·세로 1인 정사각형의 대각선이 그것이다.

0과 음수, 허수는 방정식과 밀접한 관련이 있다. 0은 방정식에서 결정적인 역할을 한다. $x+1=3$에서 $x+1-1=3-1$인데 이때 좌변을 $1-1=0$으로 쓸 수 없다면 방정식을 일관되고 효율적으로 다룰 수 없다. 음수와 허수도 방정식과 관련이 있다. 방정식을 푸는 과정에서 음수와 허수가 등장하는데 이를 새로운 수로 받아들여 수학의 지평을 확대한 것이다.

실수는 미적분과 관련이 있다. 17세기 출현한 미적분은 뉴턴, 라이프니츠, 오일러 등 천재들의 직관과 상상력에 의해 발전했다. 19세기 들어 미적분의 기초를 확고히 하려는 노력이 진행되었다. 미분은 x가 어떤 점으로 접근할 때 관찰하고자 하는 대상의 변화 상태를 다루는데 이때 수직선에 대응하는 수가 무엇인가에 대한 해명이 필요했다. 실수는 미적분의 기초를 다지는 과정에서 다분히 인위적으로 도입된 것이다. 따라서 실수는 수학의 기초를 세우기 위한 과정과 관련 있고 다분히 철학적 내용을 담고 있다.

현행 교과는 수학적 대상을 너무 평면적으로 다룬다. 역사적 맥락과 함께 그것이 담고 있는 시대적 상황과 철학적 관점에 대한 소개가 필요하다. 유클리드 기하의 공리와 수 체계가 대표적으로 그렇다.

π와 e의 아름다움

수학에서 가장 경이로운 존재가 π(파이)와 e('오일러의 수' 혹은 '자연상수'라고 부른다)다. 나는 학생들과 π와 e에 대해서 정말 많은 이야기를 해야 한다고 본다.

일단은 원의 넓이를 구하기 위해 π를 알아야 한다. 원의 넓이를 구하는 과정에는 나름의 사연이 있다. 사각형의 넓이를 구하는 것은 쉽다. 사각형을 이용해 삼각형의 넓이를 구하고 평행사변형과 사다리꼴의 넓이도 구한다. 반면에 원의 넓이는 차원을 달리 한다. 중등수학의 백미 중 하나는 다음 페이지의 그림과 같이 원의 넓이를 구하는 장면이다.

참으로 경이롭고 아름다운 장면이다. 원을 무한히 쪼개고 이를 이어붙인다. 무한히 쪼개 이어붙이는 과정에서 직사각형이 등장한다. 이 과정 모두가 생각의 힘이다. 일종의 사고실

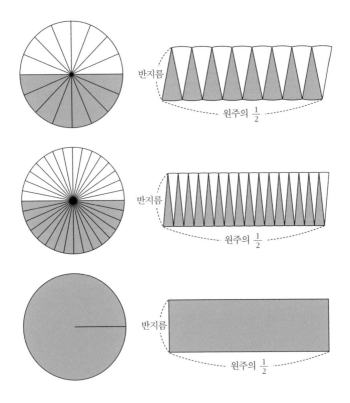

반지름

원주의 $\frac{1}{2}$

반지름

원주의 $\frac{1}{2}$

반지름

원주의 $\frac{1}{2}$

험이다. 사고의 힘이 얼마나 위대할 수 있는가를 잘 보여준다.

원의 넓이를 구하는 과정이 중요한 이유는 그것이 미적분으로 이어지는 중간 과정을 보여주기 때문이다. 고대 사회에서 넓이를 구하는 과정은 기본적으로 도형이다. 그러나 원의 넓이를 구하는 과정에서 인류는 0과 무한이라는 수학적 도구를 사용한다. 고대 사회의 성과 위에서 근대 미적분이 출현한

2. 빠르게 핵심만 수학 공부를 재구성하라

다. 미적분은 곡선으로 둘러싸인 넓이를 도형이 아니라 함수의 관점에서 해석하고 대수와 극한 같은 수학적 도구를 활용해 해결한다.

즉 도형은 1)기하의 관점에서 사각형 등의 넓이를 구하는 과정, 2)사유의 힘을 빌려 곡선으로 둘러싸인 도형 중 가장 특별한 도형인 원의 넓이는 구하는 과정, 3)함수를 매개로 곡선으로 둘러싸인 넓이를 일반적으로 구하는 과정으로 발전했다. 따라서 원의 넓이를 구하는 과정은 중고등 과정을 연결하는 매우 중요한 징검다리다.

중고등 수학의 정점은 미적분이다. 이것이 옳다고 보기는 어렵다. 빅데이터가 중요한 시대에 통계학이나 선형대수(행렬과 벡터)를 교과에서 제외하는 것을 납득할 수 없지만, 어쨌든 현재 교과로 보면 중고등 수학의 정점은 미적분이다. 미적분의 핵심이 e다. e는 변화의 화신과도 같은 존재이기 때문이다.

e^x를 미분하면 e^x다. 이 사실을 모른다면 당신은 수학을 배운 것이 아니다. 정약용을 모르면서 한국사를 배웠다고 말할 수 없는 것과 같다. 그렇다고 e가 대단히 어려운 개념도 아니다. 이미 문과에서도 미적분을 한다. 그런데 문과 미적분은 다항함수에 머물러 있다. e에 대한 엄밀한 설명이 부족해도 좋다. e와 관련해서 결정적으로 중요한 것은 그것의 존재를 알

리는 것이다. 우리가 상대성이론을 몰라도 그것을 논하고 양자역학을 이해하지 못해도 그것의 존재를 아는 것처럼 말이다. 교과서 구석구석이 소금물 농도 따위를 묻는 문제로 범벅이 되어 있는 반면 정작 e를 가르치지 않는다면 직무유기에 가깝다.

오일러의 아름다운 공식도 가르치면 좋겠다. $e^{i\pi}+1=0$. 세세한 내용이 잘 이해가 되지 않아도 좋다. 우리는 이미 그렇게 한다. 그냥 보이는 것만큼 보면 된다. 마치 레오나르도 다빈치의 그림을 보고, 베토벤의 음악을 듣는 것처럼 말이다.

π와 e가 있는 곳에 수학의 경이로운 세계가 있다. 고등학생이 되면 수능 킬러 문제 대신 다음과 같은 것들을 유도했으면 한다.

- 오일러의 아름다운 공식: $e^{i\pi}+1=0$
- 오일러의 바젤문제: $\frac{1}{1^2}+\frac{1}{2^2}+\frac{1}{3^2}+\cdots\cdots=\frac{\pi^2}{6}$
- 비에트 공식: $\frac{2}{\pi}=\frac{\sqrt{2}}{2}\cdot\frac{\sqrt{2+\sqrt{2}}}{2}\cdots\cdots$
- 그레고리-라이프니츠 급수: $\frac{\pi}{4}=\frac{1}{1}-\frac{1}{3}+\frac{1}{5}-\frac{1}{7}\cdots\cdots$

별로 어렵지도 않다. 수능 킬러 문제를 푸는 공력의 10분의 1만 투입하면 풀 수 있다. 이런 것들을 가르치지 않을 거라면 수학은 뭐하러 하는가? 중고등학교 때 이를 가르치면 우리나라의 교양 수준이 근본적으로 달라지지 않을까 생각한다.

0, 무한, 극한 빨리 배우기

중등수학 과정에 0과 무한을 적극적으로 도입하는 것이 필요하다. 사실 지금도 중학수학 요소요소에 0과 무한의 개념이 들어 있다. 세상은 아는 만큼 보인다. 덧셈을 중시하면 세상이 그렇게 보이고 곱셈을 강조하면 세상은 또 그렇게 보인다. 반면 지수를 강조하면 세상은 전혀 다르게 보인다.

같은 맥락에서 중학수학 전체에 미적분의 토대가 되는 0과 무한, 극한을 적극적으로 소개하고 이에 익숙해지도록 공을 들여야 한다.

먼저, 순환소수는 무한등비급수와 직접적인 연관이 있다. 만약 무한등비급수라는 개념이 없다면 우리는 $\frac{1}{3}$과 같은 초보적인 분수조차 소수로 표기할 수 없다. 중요한 것은 여기에 특별한 의미를 부여하고 스토리를 만들어 학생들에게 공을 들여 설명하는 것이다. 무한등비급수에는 특별한 스토리가 있다.

$$x = 1 + \frac{1}{2} + \frac{1}{4} + \frac{1}{8} \cdots\cdots$$
$$x = 1 + \frac{1}{2} \left(1 + \frac{1}{2} + \frac{1}{4} \cdots\cdots \right)$$

여기서 괄호는 x와 같으므로 위 식은

$$x = 1 + \frac{1}{2} x$$
$$x = 2$$

계산은 쉬운 반면 여기에 담긴 철학은 매우 심오하다. 보통 냉장고는 방보다 작다. 즉 부분은 전체보다 작다. 이는 유클리드 공리에도 들어 있을 정로로 사물을 판단하는 기초다. 그런데 우리는 버젓이 x 안에 있는 일부분을 x로 놓았다. 이렇게 해도 좋은가? 이것이 무한에 담긴 독특한 성격이다. 이를 두고 다양한 논쟁이 벌어진다. 수학에도 여러 가지 견해가 있는데, 지금 우리는 이러한 대수적 조작을 용인하는 경향을 따르고 있다.

무한등비급수는 다음과 같은 그림을 통해 직관적으로 이해하는 것이 매우 좋다. 고등수학으로 가면 공식이나 수식을 직관이나 역사적 배경을 통해 몸에 배도록 하는 것이 좋다.

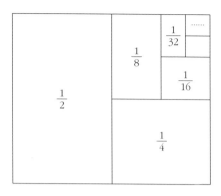

둘째, 극한 개념을 소개하는 과정에서 반비례 함수를 적극 활용할 필요가 있다. 그리고 이 과정에서 반비례 함수를 극한 개념과 적극적으로 연계해야 한다.

옆쪽의 그림에서 x가 무한으로 가면 그래프는 0에 근접한다. 이를 기호를 사용하여 표현하면 $\lim_{x \to \infty} \dfrac{1}{x} = 0$이다. 계속해서 x가 오른쪽에서 0으로 접근하면 $\dfrac{1}{x}$은 무한으로 간다. 이를 식으로 쓰면 $\lim_{x \to 0^+} \dfrac{1}{x} = \infty$이다. 매우 초보적인 문제다. 중등수학 수준으로도 충분히 이해할 수 있다. 그런데 막상 고등수학에서 가르치면 매우 힘들어한다. 이리저리 고등수학을 신비화하는 교과 설계가 문제다.

셋째, 수 체계에도 무한이 어른거린다. 유리수의 특징은 조밀하다는 점이다. 가령 1과 2 사이에는 무수한 유리수가 있다.

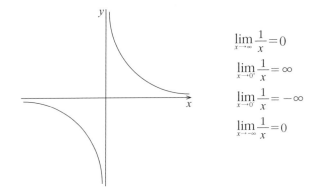

$$\lim_{x \to \infty} \frac{1}{x} = 0$$

$$\lim_{x \to 0^+} \frac{1}{x} = \infty$$

$$\lim_{x \to 0^-} \frac{1}{x} = -\infty$$

$$\lim_{x \to -\infty} \frac{1}{x} = 0$$

유리수는 두 개의 유리수가 있을 때 이를 평균하여 유리수 사이에서 또 다른 유리수를 쉽게 찾을 수 있다. 이 과정을 반복하면 유리수는 끝도 없다.

극한과 관련해서 중요한 것은 어떤 유리수의 바로 옆에 있는 유리수를 특정할 수 없다는 점이다. 가령 1 바로 옆에 있는 유리수는 없다. 만약 당신이 1 옆에 있는 유리수가 1.0000001이라고 한다면 나는 간단히 거기에 0을 하나 더 붙인 1.00000001을 말할 수 있다. 이 기법은 대학에서 극한을 정의하거나 확률에서 통계적 확률을 정의할 때에도 사용되기 때문에 매우 중요하다.

유리수의 규모는 한도 끝도 없다. 그런데 수직선을 늘어놓고 유리수가 되는 점을 찍어보면 수직선 위에 유리수가 아닌 점을 쉽게 찾을 수 있다. 쉽게 찾을 수 있는 정도가 아니라 한도 끝도 없을 것 같던 유리수는 거의 없고 대다수가 무리수다.

이 과정은 고등수학에서 결정적으로 중요한 대목이다. 미분을 사용할 때 x의 간격을 미세하게 좁힌다. 시간 간격은 x축을 따라 점점 어떤 점으로 다가선다. 만약 x축에 존재하는 자연수를 따라 움직이면 수열의 극한이고, 축에 존재하는 모든 점이면 함수의 극한이다. 이때 x축의 존재가 무엇인가를 정의할 필요가 있다. 핵심은 x축과 유리수가 대응하지 않는다는 점이다. 따라서 미분을 하기 위해서는 x축에 대응하는 수를 정의해야 한다. 이 과정에서 다분히 필요에 의해 정의된 것이 실수다.

매우 어렵다. 중학교에서 배우는 수 체계 부분은 생각보다 어려운 부분이다. 제대로 가르치려면 고등수학의 미적분, 극한 등과 적극적으로 연계하여 수업해야 한다. 중학교의 수 체계와 고등학교의 극한이 상호 연관되어 설명되지 않으면 생동감이 사라진다.

넷째, 앞에서 소개한 원의 넓이를 구하는 과정이 있다. 원의 넓이를 구하는 과정은 피타고라스 정리처럼 다양한 방면에서 접근할 수 있다. 유사한 사례 하나를 소개한다. 여기에서 사실상 극한, 미적분의 핵심 테크닉을 익힐 수 있다.

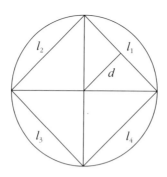

원을 4등분하면 4개의 이등변삼각형이 만들어진다. 4개의 이등변삼각형의 넓이는

$$\frac{1}{2}dl_1 + \frac{1}{2}dl_2 + \frac{1}{2}dl_3 + \frac{1}{2}dl_4$$
$$= \frac{1}{2}d(l_1 + l_2 + l_3 + l_4)\text{이다.}$$

8등분하면,

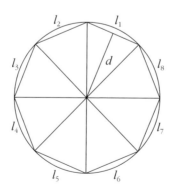

$$\frac{1}{2}dl_1 + \cdots\cdots + \frac{1}{2}dl_8$$
$$= \frac{1}{2}d(l_1 + \cdots\cdots + l_8)$$이다.

계속해서 원을 무한히 잘게 쪼개면 d는 r에 접근하고 $l_1 + l_2 + \cdots\cdots$는 원주 즉 $2\pi r$이 된다. 따라서 원의 넓이는

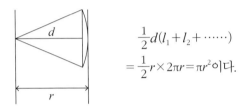

$$\frac{1}{2}d(l_1 + l_2 + \cdots\cdots)$$
$$= \frac{1}{2}r \times 2\pi r = \pi r^2$$이다.

다섯째, 삼각비에도 있다. $\sin 0° = 0$이다. 그런데 중학교 삼각비에서는 이를 설명할 도리가 없다. 중학교 삼각비는 직각삼각형을 전제로 하기 때문이다. 그러나 원의 넓이를 구하는 과정에서 사용했던 기법을 사용하면 얼마든지 결과를 추론할 수 있다.

반지름이 1인 사분원에서 $Sinx=t$이다. x가 0에 접근하면 t도 0에 접근한다. 따라서 $Sin0°=0$으로 추론할 수 있다.

시대의 추세에 맞게 교과과정을 재설계해야 한다. 우리는 지수의 관점에서 수와 연산을 바꾸듯 중학교 때부터 극한을 적극 도입할 필요가 있다. 일선에서 가르치다 보면 학생들은 리미트를 매우 힘들어한다. 그런데 리미트라고 해봐야 별것 아니다. 그럼에도 학생들이 어려워하는 이유는 낯설고 수업이 학생들의 수준에 맞게 직관적으로 설명해주지 않기 때문이다. 실제로 몇 번 해보는 것만으로 상당 부분이 해결된다.

미적분을 중학교 때 시작해야 하는 이유

중1 최상위권이면 바로 미적분을 공부하는 것이 좋다. 무리수, 이차방정식, 이차함수 등을 대부분 또는 전부 무시해도 상관없다. 한 달 이내에 진도를 끝내고 미적분을 나가도 된다. 물론 숙련도가 떨어질 수 있다. 그래도 상관없다. 고3 수학을 하는 데 이차방정식이 장애가 되지는 않는다. 그것으로 충분하다.

중1 최상위권이 아니라도 중2 상위권 정도면 시작해야 한다. 중2 상위권 학생들이 중3 올라갈 때 이른바 내신을 공부한다고 고1 수학을 이중삼중으로 잡는 경향이 있다. 이것이 전국 학원가에서 벌어지는 일이다. 이렇게 하는 이유는 학원이 수지를 맞추기 위함이다. 중3 상위권 학생만 따로 떼어 미적분Ⅱ를 나가면 수지를 맞추는 데 필요한 그룹을 이룰 수 없기 때문이다.

하지만 이런 식으로 공부하다간 큰코다친다. 일단 고1 수학은 수능 시험범위가 아니다. 그리고 고1 수학과 수능 수학은 쓰는 근육이 다르다. 고1 수학이 주로 대수를 세세하게 잡는다면 미적분의 바탕은 함수다.

여기서 중요한 것은 중학생에게 맞도록 미적분에 접근하는 설명이다. 학교수학의 서술은 기묘하다. 중학수학에서는 과도하게 설명이 장황한데 정작 고등수학에 들어가면 설명이 부실하다. 수열과 함수의 극한, 연속이나 미분 가능성, 미적분에 대한 설명 등이 그러하다. 증명 없이 받아들이기로 하자는 진술을 서슴없이 한다. 물론 극한이나 연속 등을 수학적으로 증명하는 것은 어렵지만 그런 개념에 대한 역사적 설명이나 문제의식은 충분히 설명 가능하다. 사실 극한 등에 대한 엄밀한 설명은 17세기에 미적분이 만들어지고 그것이 자연과학 전반에 광범위하게 사용된 다음 사후적으로 여기에 수학적 엄밀함을 보증하기 위한 것이었다. 따라서 직관적으로 이들 개념을 설명하는 것은 어렵지 않다.

앞에서 살펴본 것처럼 학생들은 중학교 때 실제로 그런 작업을 했다. 중1 교과서에서 원의 넓이를 구하는 과정이 그것이다. 바로 그것이 극한이고 미분이며 적분이다. 따라서 여기서 문제의 단초를 찾고 충분한 설명을 한다면 얼마든지 이해 가능하다. 그리고 이를 정리하고 조작하는 과정도 생각보다 쉽다. 특히 라이프니츠의 공헌으로 미적분의 대수적 연산은 매우 쉽다.

수학은 고도로 추상적인 학문이다. 그럼에도 그것의 역사적 배경이 있고 현실적인 맥락이 있다. 그런 설명을 덧붙이면 중학생들도 이해할 수 있다. 그럼에도 불구하고 수학 교과는 이해하기 어려울 정도로 정면 돌파만 고집한다. 그런 면에서 나는 수학사나 수리철학을 수업에 적극 도입할 필요가 있다고 생각한다.

최상위권이라면 미적분Ⅱ를 바로 시작해도 된다. 문과와 이과를 가르는 기준이, 미적분에서 문과는 다항함수만 하고 이과는 초월함수를 다룬다는 점이다. 필자의 경험에 따르면 미적분을 경계로 수학 공부에 중요한 문턱이 있다. 반면 문과와 이과, 다항함수와 초월함수 사이의 차이는 크지 않다. 따라서 아예 초월함수를 기본으로 놓고 미적분을 하는 것이 옳다.

실용적인 이유도 있다. 미적분Ⅱ는 너무 분량이 많다. 지금은 공식이 많이 줄었지만 과거에는 지금보다 외워야 할 공식이 더 많았다. 마치 조선시대 왕 이름을 '태정태세문단세……'와 같이 운율을 붙여 외우는 것처럼 '싸싸코코……'

하며 외웠다. 외운다고 다가 아니라 이를 능숙하게 사용해야 한다. 당연히 많은 시간이 필요하다. 수능은 미적분Ⅱ가 중심이다. 따라서 시간 배분 차원에서라도 미리미리 조금씩 해둘 필요가 있다.

미적분은 그것이 생겨난
뿌리를 이해하는 것이 중요하다

미분의 뿌리는 시간에 따라 움직이는 물체의 궤적을 추적하는 것이었다. 갈릴레이는 건물 위에서 떨어지는 물체가 시간에 따라 어떻게 변하는지를 알고 싶었다. 당시 기술로는 어림 없는 일이다. 돌은 순식간에 지상에 떨어진다.

갈릴레이는 이를 위한 장치를 고안한다. 느슨한 경사로에서 공을 굴리는 것이다. 느슨한 경사로에 금을 그어놓고 시간에 따라 공이 어떻게 구르는가를 추적했다. 그 결과 아래와 같은 표와 그래프와 식을 얻었다.

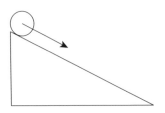

시간	움직인 거리
1초	1cm
2초	4cm
3초	9cm
⋮	⋮

cm
9
8
7
6
5
4
3
2
1

1　2　3　초

고1까지 하는 함수는 본질적으로 이것이다. 우리가 xy 그래프에 그린 것은 갈릴레이가 했던 작업과 동일하다. 시간을 x축으로 놓고 위치를 y축으로 놓고 점을 찍는 것이다. 사실 점을 찍는 것만으로 윤곽을 잡을 수 있다. 그럼 $y=x^2-2x+3$의 그래프를 그려보자. 여기서도 학생에게 섣불리 개입하지 말고 점을 찍게 내버려두는 것이 좋다.

갈릴레이의 작업은 x축이 시간이고 y축이 거리(위치 또는 변위)다. 반면에 미분이 하고자 하는 것은 어떤 시점에서의 속도(기울기 또는 순간변화율)다. 속도는 그래프 상에서 기울기로 나타난다.

$$y=x^2-2x+3 \qquad y'=2x-2$$

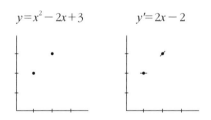

자, 이제 $y = x^2 - 2x + 3$을 미분하면 $y' = 2x - 2$다. 여기서 y'은 시간 x에서의 속도다. 시간 x에 기울기를 표시해 나가면 그래프는 점점 윤곽을 드러낸다. 이것이 미분이 하고 싶은 일이다. 이 중 가장 특별한 점, 기울기가 0이 되는 점을 찾는 작업이 미분에서 가장 중요한 일이고 중고등 수학 전체에서 가장 중요한 작업이다.

이런 식으로 초월함수의 그래프도 그린다. 학생들은 낯선 수식이 나오면 겁부터 먹지만 중1 때 했던 것과 본질적으로 다르지 않다. $y = xe^x$이 있다면 그냥 점을 찍어 가면 된다. 이를 미분하는 것은 일단 기계적인 작업으로 처리하자. $y' = (1 + x)e^x$이다.

보이는 대로 시간 x에 따른 위치와 속도를 표시하면 윤곽이 드러난다. 이 작업은 y'을 0으로 하는 작업을 통해 효과적으로 수행할 수 있다.

$$y = xe^x \qquad y' = (x + 1)e^x$$

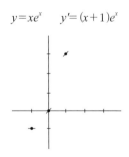

필자의 경험에 따르면 중2 정도면 충분히 이해할 수 있다. 필요한 것은 미적분을 경계로 그 이전에 진도를 최대한 빨리 나가서 미적분을 충분히 설명할 수 있는 시간을 확보하는 것이다.

분수소수는 간단히 넘어가자

- -

초등 고학년의 핵심 중 하나가 분수소수다. 분수소수는 기본 연산만 확인하고 넘어가면 된다. 복잡한 분수소수 계산을 장황하게 해야 할 이유가 별로 없다. 그냥 넘어가도 상관없고, 그것을 지나치게 강조하는 것은 현대수학의 흐름과도 맞지 않는다.

초등수학의 목표는 산수다. 반면 중등수학의 목표는 방정식이다. 덕분에 중등수학에서 나오는 수는 오히려 쉽다. 방정식의 계수가 대부분 정수이기 때문에 $\frac{1}{2} + \frac{1}{3}$ 같은 것을 계산할 일이 생각보다 많지 않다. 반면 초등수학에서 분수연산은 학년에 비해 어렵다. 고등학교까지 가는 과정에서 이런 수준의 연산을 할 일은 별로 없다.

소수는 17세기에 개발되어 인류의 계산 부담을 획기적으로 덜어주었다. 그러나 이미 시대적 소임을 마쳤다. 지금은 계산기에 맡기면 그만이다. 예를 들어 8.34×3.67과 같은 계산은 중고등 과정에서 거의 나오지 않는다. 지수로그 문장제 문제나 수열의 원리합계 등에서 위 수준의 계산을 이따금 다루지만, 그냥 계산기로 하도록 하면 된다.

새로운 개념을 배웠으면 기본을 충실히 하고 너무 깊게 들어가지 않는 것이 좋다. 이차방정식을 다룰 때도 마찬가지다. $\frac{1}{2}x^2 + 3x - 1 = 0$와 같은 계산은 하지 않아도 된다. 이런 복잡한 계산에 손을 대기 시작하면 학생들의 시야가 좁아지고 공부의 속도가 떨어진다. 쓸 일도 별로 없다. 무엇보다 시간이 지나면 자연히 된다. 나중에 그런 계산이 필요할 때 익혀도 상관없다.

분수와 소수를 지나치게 강조하는 것은 시대의 추세에도 맞지 않는다. 수는 인간이 자연현상을 설명하고 제어하기 위해 만들어낸 지적 인공물이다. 따라서 수의 가치와 의미는 시대의 요구에 따라 달라진다. 수십만 년 전 아프리카 사바나 초원지대에 우리 선조가 있다. 저 멀리 사자가 다가온다. 위험을 알리기 위해 '사자'라고 소리칠 것이다. 그러나 사자의 숫자가 많아지면 곤란하다. 하지만 수의 발명으로 이제는 '사자 사자 사자'가 아니라 '사자 3마리'라고 간단하게 말할 수 있다.

분수도 마찬가지다. 피라미드를 건설한 인부에게 노임을 주어야 하는데 노임을 공평하게 나누니 빵 3개 반이었다. 빵 반 개를 어떻게 표시할까? $\frac{1}{2}$로 쓰기로 약속했다. 하지만 분수의 최대 맹점은 대소 비교가 어렵다는 점이다. 가령 $\frac{3}{7}$과 $\frac{2}{5}$에서 어느 쪽이 큰지 아리송하다. 그런데 이를 소수로 바꿔놓으면 명확하다. 분수의 약점을 해결하기 위해 십진법을 원리로 하는 소수를 만들어낸 것이 17세기 무렵이다. 17세기 소수의 사회적 필요성은 이자 계산 같은 것으로, 많아야 소수점 서너 자리에 국한되었다.

19세기 말에서 20세기 초 사이에 미시세계에 대한 탐구가 깊어지면서 17세기와는 차원을 달리하는 소수가 등장했다. 수소 원자 지름 같은 것이 대표적이다. 이런 수준이 되면 소수는 분수와 연관되는 것이 아니라 지수와 관련된다. 가령 $\frac{1}{10000000000} = \frac{1}{10^{10}} = 10^{-10}$이다.

시대가 변하면 교과도 변해야 한다. 몇 백 년 전만 해도 분수와 소수는 인텔리들이나 할 수 있는 고급 지식이었다. 그런데 지금은 초등 저학년만 되어도 구구단 정도는 자연스럽게 구사한다. 인수분해나 피타고라스 정리도 구구단과 비슷해졌다. 학생들은 생활영역에서 자연스럽게 이를 구사한다. 그만큼 시대가 발전한 것이다. 우리가 오늘날 구구단에 특별한 의미를 부여하지 않듯 분수소수도 그렇게 할 수 있다.

분수소수는 기본을 확인하는 정도만 배우고 그냥 넘어가도 상관없다. 분수소수를 활용한 복잡한 계산이나 이를 활용한 응용문제 등에 많은 시간을 할애할 이유가 없다.

유클리드 기하에서 쓸데없이 힘 빼지 말자

중학수학의 중심은 문자연산과 유클리드 기하다. 문자연산도 그렇지만 유클리드 기하 또한 터무니없는 중복이 많다. 특히 중2에서 내심·외심, 중3에서 원과 비례 등 상당 부분을 삭제해도 상관없다. 배울 필요가 있다면 고등수학에서 사용하는 내용만을 선별하여 요점만 가르치는 것이 좋다.

이 경우에도 쓸데없이 많이 가르칠 필요가 없다. 머리 쓰는 데는 좋을 수 있다. 그런데 내가 갖는 의문은 머리를 쓰려면 고등수학에 얼마든지 기회가 있다. 기하라면 무한등비급수, 삼각함수 극한 등에 고3 모의고사 기출문제만 수백 문제 이상이 있다.

유클리드 기하는 수학이 아니라 철학이나 역사적 접근을 할 때 빛난다. 플라톤의 이데아론, 공리와 논증으로 이어진 사고체계, 인류 지성사를 바꿔놓은 비유클리드 기하의 출현 등이 그것이다.

유클리드의《기하학 원론》첫 문장은 "점은 넓이가 없는 것이다"이다. 성경 다음으로 많이 팔렸다는 책의 첫 문장치고는 너무 싱겁다. 하지만 이 문장 속에 그리스 사회의 고민이 담겨 있다.

분명히 점은 있다. 그런데 점을 일단 찍으면 난감한 문제가 발생한다. 점을 찍으면 넓이가 생기는데 약간의 넓이만 생기더라도 점과 점을 잇는 직선을 여러 개 그을 수 있기 때문이다. 기하학 전체가 무너지는 것이다.

유클리드는 어쩔 수 없이 점은 넓이가 없다고 규정하고 점에 대한 불필요한 논쟁을 금했다. '이렇게 그냥 받아들이자' 또는 '그냥 당연한 것이다'라는 내용을 '공리'라고 한다. 여기서 공리는 증명할 필요조차 없는 당연한 것이라는 의미다. 이를 칸트 식으로 말하면 애초에 그냥 존재하는 것이라는 의미다.

점과 마찬가지로 선과 면에 대해서도 비슷한 금지를 두었다. 그런데 그중 하나가 문제가 되었다. 평행한 두 직선은 만나지 않는다는 내용인데 이를 두고 비유클리드 기하학이라는 대격변이 시작된다.

적도상의 두 점에서 경도를 따라 북극을 향해 올라가면 북

극에서 만난다. 어느 선분 위의 서로 다른 두 점에서 수직으로 선을 그으면 평행한 직선이다. 그런데 유클리드의 공리와 달리 지구와 같은 곡면에서는 평행한 두 직선이 한 점에서 만나는 것이다. 유클리드의 공리 중 평행선 공리에서 허점이 발견되자 공리 전체에 대한 지적 관심이 제고되었다. 도대체 공리란 무엇일까?

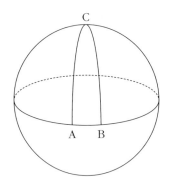

AC와 BC는 적도에서 평행이지만 C에서 만난다.

유클리드가 보기에는 증명할 필요조차 없는 자명한 사실이었다. 그런데 평행선 공리에서 보듯 무언가 다른 설명이 필요했다. 수학은 공리를 재정리하기 시작한다. 그리고 이 작업이 수학은 물론 지적 체계 전반에 거대한 변화를 수반했다.

수학계가 취한 입장은 이제 공리를 증명할 필요조차 없는 자명한 사실이 아니라 그냥 '게임의 규칙'처럼 생각하자는 것이다. 이렇게 되면 공리가 반드시 실재와 일치해야 한다는 강박이 사라진다. 마이너스 곱하기 마이너스가 플러스가 되는 발상도 이와 통한다. 더 이상 실재와 일치할 필요가 없다면 얼마든지 자유로운 상상이 가능하다.

이 새로운 발상이 큰일을 했다. 당시는 뉴턴과 칸트에 의해 정립된 시공간론이 대세를 장악하고 있었다. 누가 봐도 시간과 공간은 인간의 의지와 무관한 독립된 실체였다. 이것은 인류가 지구라는 행성에서 진화했기 때문이다. 시공간에 대한 인간의 상식을 깨는 작업이 19세기 후반 수학에서 시작된다. 이 과정이 유클리드 기하학을 상대화하는 과정과 일치했고, 아인슈타인의 상대성이론으로 이어진다.

나는 수학과 철학, 역사를 결합하는 수업을 진행하곤 한다. 비유클리드 기하학을 소개할 때면 유난히 학생들의 눈이 빛난다. 학생들은 삼각형의 내각의 합이 180도라고 외운다. 그런데 지구를 구로 볼 때 4분의 1에 해당하는 입체를 생각해보라. 이 입체를 연결하는 거대한 삼각형의 내각의 합은 270도다.

유클리드의 《원론》이 서구 지성사에서 가지는 영향력은 가히 압도적이다. 수학사를 공부하기 이전까지 나는 유클리드의 《원론》이 그렇게 대단한 책인지 몰랐다. 뉴턴, 데카르트는 물론 홉스와 같은 철학자들 대부분이 유클리드의 《원론》을 거론한다. 그리고 그들이 자신의 사상을 펼칠 때 이 책의 영향을 강하게 받았다. 심지어 프랑스의 인권선언이나 미국의 독립선언도 《원론》의 영향을 받았다. 가히 이성 세계의 성경이라 할 만하다.

《원론》이 갖는 이러한 영향 때문에 대부분의 나라에서 이 책의 내용과 서술을 교과서에 많이 담고 있다. 중학교 기하의 거의 대부분이 유클리드 《원론》과 관련되어 있다. 그러나 현대적인 관점에서 보면 별 쓸모가 없다. 우리가 유클리드를 비롯한 고대 그리스 사상가들에게 배워야 할 것은 그들의 수학이 아니라 그들의 철학이다.

고등수학에서 유클리드 기하가 차지하는 위상

전통적으로 유클리드 기하를 강조해온 이유는 유클리드 기하가 갖고 있는 논리정연함 때문이다. 이로 인해 유클리드 기하는 근대 이성의 모범이 되었다. 그러나 이는 고등수학의 추세와 맞지 않다. 대표적인 것이 삼각함수와 좌표기하다.

우리는 아무렇지 않게 종이 위에 삼각형을 그리고 변의 길이를 적어 넣곤 한다. 그러나 현실은 많이 다르다. 산 높이를 잰다고 할 때 산 밑을 파고 들어가 거기서부터 꼭대기까지의 높이를 잴 수는 없는 노릇이다. 심지어 나무나 건물의 높이를 재는 것도 쉽지 않다. 높이나 길이를 재는 것이 어려운 반면 각도를 재는 것은 쉽다. 학생들도 간단한 도구만 있으면 비교적 정확히 각을 잰다. 덕분에 역사적으로는 각을 활용한 수학 기법이 발전했다. 이른바 삼각법이다. 따라서 삼각비와 그것을 발전시킨 삼각함수를 중시하는 것이 옳다.

다음으로 중요한 것은 좌표다. 유클리드 기하는 논리적인 훈련을 하는 데 적합하다. 반면에 그것은 그리스의 사변적이고 귀족적인 체질을 물려받았다. 산수나 연산을 경시하는 것이 그런 면이다. 유클리드 기하의 한계를 딛고 출현한 것이 데카르트 기하다. 데카르트 기하는 좌표를 도입하여 기하와 모양을 수치와 연산을 통해 다룰 수 있는 혁명적인 계기를 열었다. 미적분은 좌표와 함수라는 토양 위에서 발전했다.

수는 인간이 자연을 개척하는 과정에서 발전시킨 위대한 유산이다. 우리는 수를 통해서 자연을 이해하고 자연을 제어할 수 있는 길을 열었다. 지금 우리는 다양한 영역에 숫자를 부여하여 문제를 해결한다. 사람의 키나 몸무게에 수치를 부여하는 것은 물론이고 물가나 경제성장 같은 사회현상, 나아가 인간의 정치의식 등에도 숫자를 부여한다. 그렇게 해야만 이해하기 좋고 다루기 편하기 때문이다. 질서정연한 숫자 체계가 없다면 현대 문명사회는 존립할 수 없을 것이다.

모든 대상에 수치를 부여하는 것이 과학적 전통이다. 그런데 가능한 한 숫자를 부여하지 않고 대상을 다루려 했던 유클리드 기하를 그렇게 강조할 이유가 없다. 유클리드 기하는 분명히 인류 문명의 보고다. 그러나 우리가 오늘날 플라톤의 원전을 원전 그대로 가르치지 않는 것처럼 유클리드의《원론》에 너무 얽매일 필요가 없다.《원론》에 담긴 수학적 콘텐츠가 중요한 것이 아니라《원론》이 갖는 역사적 의미가 중요한 것이다.

함수를 방정식과 무리하게 연관 짓지 말자

중학수학의 최대 맹점 중 하나는 함수와 방정식을 함부로 연관 짓는 것이다. 함수와 방정식은 전혀 다른 세계관을 갖고 있다.

방정식이 묻고 있는 것은 어떤 존재다. 가령 지금 사과가 3개 있는데 어제 1개를 먹었다면 그저께 나는 몇 개의 사과를 갖고 있었는가 같은 질문을 생각해보자. $x-1=3$이다. 여기서 x는 그저께 내가 갖고 있던 사과다. 방정식은 모두 이런 구조로 되어 있다.

반면에 함수의 본질은 변화다. 나와 형의 나이 차이가 1살일 때 내 나이를 x, 형 나이를 y라고 한다면 둘과의 관계는 $y=x+1$이다. 그리고 이를 그래프로 그려 상황을 함축적으로 정리하여 처리한다.

갈릴레이나 뉴턴이 활동하던 시대에서 함수의 주제는 시간에 따라 변화하는 물체의 운동이었다. 운동을 설명하기 위해 그에 합당한 수학적 도구가 필요했는데 이 과정에서 출현한 것이 함수이고, 함수를 무대로 미적분이라는 거대한 세계가 열린다.

방정식이 고정된 어떤 실체를 다룬다면, 함수는 본질적으로 변화하는 대상 사이의 관계를 다룬다. 방정식이나 문자연산은 함수와 미분을 하는 과정에서 사용하는 수학적 스킬에 불과하다. 가령 $y=x^2+2x-3$에서 x축 절편을 찾을 때 이차방정식을 풀어야 한다. 중고등 수학은 이런 문제들로 가득 차 있다. 이런 과정이 반복되면서 다수의 학생들이 함수와 방정식의 본질이 무엇인지를 잊어버린다.

특히 중고등 교과가 미적분을 정점으로 구성되어 있는 점을 고려하면 중3~고1 과정에서 방정식과 함수를 무분별하게 섞어놓는 것은 매우 위험하다. 중요한 것은 방정식과 함수와 연관된 스킬이 아니라 사상과 세계관이기 때문이다.

함수와 방정식이 연관된 데는 역사적 뿌리가 있다. 수학의 관점에서 보면 가장 다루기 좋은 것이 수와 대수다. 따라서 가능한 한 수학적 대상을 수와 대수적 기반 위에 올려놓으려는 유인이 작동한다. 대표적인 것이 벡터다. 벡터는 크기와 방향을 갖는 양이다. 바람을 생각하면 된다. 그런데 그렇게 정의하고 나면 더 이상 진도가 나가지 않는다. 따라서 벡터를 좌표 위에 올려놓고 벡터에 수치를 부여하여 사용한다.

고대 그리스에서 발전한 도형에 대한 탐구를 인류가 다루기 좋은 수와 대수적 질서 위에 올려놓은 사람이 데카르트다. 데카르트는 좌표를 도입하고 거기에 수치를 부여했다. 유클리드 기하라면 삼각형의 꼭짓점은 그냥 점이다. 그런데 이를 좌표 위에 올려놓으면 거기에 수치가 부여된다. 모든 점들이 그러하다면 이를 관통하는 수식을 세울 수 있고 이를 통해 도형을 새로운 관점에서 탐구할 수 있다. 함수에서 파생된 다양한 문제를 방정식이라는 기법을 통해 해결하는 것은 이런 역사적 맥락 때문이다.

그러나 중고등 전체를 통합적으로 보면 중심이 되는 것은 미적분이다. 따라서 우리는 인류가 변화를 설명하기 위해 함수를 도입했고 그 토양 위에서 미적분이 발전했다는 점을 중시할 필요가 있다. 중3~고1까지 배우는 이차방정식과 이차함수 그리고 양자 사이의 관계는 너무 장황하다. 특히 이 시기 학생들의 지적 관심이 제고된다는 점에서 더 적극적인 교과 설계가 필요하다.

확률은 수능 기출문제를 바로 풀자

확률과 경우의 수는 다른 어느 분야보다 실전적인 감각이 필요한 영역이다. 미적분은 이해 자체가 어려운 반면, 확률과 경우의 수는 우리에게 익숙한 상황을 다루기 때문에 어렵지 않다. 그냥 해보면 된다. 확률에 필요한 다양한 기술은 실제로 문제를 풀면서 몸에 익히는 것이 좋다.

확률의 성격이 그렇기 때문에 초등-중등-고등 단원의 난이도 차이가 크지 않다. 고3 수능 문제를 초등 고학년에게 주어도 아무 문제가 없다. 심지어 특별히 알려주지 않으면 구분하기 어렵다.

먼저 지적할 점은 중학교 확률에서는 순열이나 조합 같은 테크닉을 가르치지 않는다는 사실이다. 하지만 참고서가 순열이나 조합 같은 용어와 개념을 설명하지 않을 뿐 그것을 통한 연산은 사용한다. 구체적인 사실에서 획득한 개념을 적극적으로 사용하지 않으면 다음 단계로 나아갈 수 없다. 그럼에도 중등수학은 굳이 그 개념을 나누고 불필요한 단계를 설정해놓았다. 중복조합이나 조건부 확률을 제외한 대부분의 기법을 가르쳐도 아무 문제가 없다.

수학의 모든 테크닉은 실전적이어야 한다. 우리는 권투, 유도, 태권도, 주짓수 등 다양한 무술을 배울 수 있다. 그러나 실전에서 대련을 하는 데 처음엔 유도, 다음엔 태권도 하는 식으로 배운 기술을 사용하지는 않는다. 상황에 맞게 본능적으로 다양한 기술들을 사용해야 한다. 역시 예를 들어 설명해보겠다.

다음 문제는 2014년 고3 모의고사 문제다. 어렵지 않다. 먼저 찬찬히 읽어보기 바란다.

27. 그림과 같이 크기가 서로 다른 3개의 펭귄 인형과 4개의 곰 인형이 두 상자 A, B에 왼쪽부터 크기가 작은 것에서 큰 것 순으로 담겨져 있다.

상자 A   상자 B

다음 조건을 만족시키도록 상자 A, B의 모든 인형을 일렬로 진열하는 경우의 수를 구하시오. [4점]

(가) 같은 상자에 담겨 있는 인형은 왼쪽부터 크기가 작은 것에서 큰 것 순으로 진열한다.

(나) 상자 A의 왼쪽에서 두 번째 펭귄 인형을 상자 B의 왼쪽에서 두 번째 곰 인형보다 왼쪽에 진열한다.

학교에서는 잘 다루지 않지만 여기서 가장 중요한 것은 기호화 작업이다. 상황을 간명하게 기호로 정리하면 상당 부분 해결된 것이나 다름없다. 먼저 펭귄 인형을 각각 a_1, a_2, a_3, 곰 인형을 b_1, b_2, b_3, b_4라고 기호화하자. 이제 해보면 된다.

무작위로 세는 것은 생각처럼 잘 되지 않는다. 질서 있게 하나하나 빠짐없이 셀 수 있는 수학적 도구가 있다. 바로 수형도다. 나뭇가지처럼 생겨서 수형도라는 이름이 붙었는데 일상생활에서도 많이 쓰인다. 수형도를 그려보면 다음과 같다.

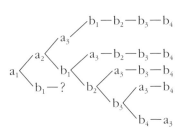

? 부분이 포인트다. a_2가 b_2보다 왼쪽에 있어야 한다고 했으므로 ? 부분에 b_2는 올 수 없다. 따라서 ? 부분은 a_2라야 한다. 생각보다 어렵지 않다. 반면 기계적인 수학에 익숙한 학생들은 지레 겁을 집어 먹고 쉽게 틀리는 경향이 있다.

출제자의 함정을 피했으므로 이제는 일사천리다. ? 부분의 수형도를 그리면 다음과 같다.

$$a_1 - b_1 = a_2 \Bigg\langle \begin{matrix} a_3 - b_2 - b_3 - b_4 \\ a_3 - b_3 - b_4 \\ a_3 - b_4 \\ b_3 \Big\langle \begin{matrix} a_3 - b_4 \\ b_4 - a_3 \end{matrix} \end{matrix}$$

2. 빠르게 핵심만 수학 공부를 재구성하라

이것으로 끝나면 싱거울 듯하다. $a_1 - b_1 - a_2$ 다음 그림을 조금 더 빨리 처리할 방법이 있다. a_3, b_2, b_3, b_4를 늘어놓아야 하는데 b_2, b_3, b_4에는 순서가 있다. 따라서 4개의 자리 중 a_3가 올 곳만 지정하면 나머지는 자연히 결정된다. 즉 4가지다. 일일이 늘어놓은 것에 비해 훨씬 빠르다. 이런 세세한 스킬은 혼자 터득할 수도 있지만 누군가로부터 의식적으로 배워야 한다.

이 문제는 생각보다 어렵다. 고등학생들도 막상 풀라고 하면 잘 풀지 못한다. 이유는 무엇을 배운다는 것과 그것을 몸에 붙여 실전에서 사용하는 것 사이에 격차가 크기 때문이다. 확률이 그런 영역이다. 따라서 확률은 실전을 통해 배우는 것이 효과적이다.

집합과 명제는 생략 가능하다

집합은 모두 생략해도 무방하다. 공부를 하더라도 쓸데없이 개념부터 나가지 말고 그냥 기출문제를 놓고 해결하면 된다.

명제는 두 가지 점을 주목하는 것이 좋다. 하나는 명제가 갖는 의미이고, 다른 하나는 귀류법이다. 명제는 참·거짓을 가릴 수 있는 진술이다. '명제가 무엇인가'라는 질문보다 본질적인 것은 '왜 그런 질문을 했는가'라는 시대적 배경이다.

고대 사회를 전후하여 힘과 신앙보다는 합리적인 사유와 진위를 판단하는 문제가 중요해졌다. 이 과정에서 출현한 것이 논리학이다. '사람은 죽는다. 소크라테스는 사람이다. 소크라테스는 죽는다'라는 아리스토텔레스의 3단논법이 대표적이다.

19세기가 되면 기호를 통해 이를 더 일반적이고 기계적으로 해결할 수 있는 시도를 한다. 가령 '사람은 죽는다'를 그냥 'p'와 같은 기호로 처리하고 기호 사이의 관계를 문제 삼는 것이다. 이런 시도의 연장선에서 컴퓨터가 태어났다.

컴퓨터가 보기에 '악어는 포유류다'라는 진술은 거짓이지만 판단이 가능한 반면, '가을하늘은 아름답다'라는 진술은 이해하기 어려운 말이다. 후자와 같은 질문을 받으면 컴퓨터는 작동을 멈춘다. 이 지점이 컴퓨터와 인간이 다른 대목이다. 컴퓨터는 명확히 정의된 대상에 대해 참·거짓을 명확히 구분할 수 있는 진술을 순서에 따라 질서 있게 문제를 처리하는 데 강하다면, 인간은 상황을 함축적으로 이해하는 데 강하다.

컴퓨터가 갖는 이런 한계로 인해 인간의 사고를 대체하려는 시도가 벽에 부딪혔다. 2010년대에 인간의 뇌를 모방한 새로운 패러다임을 수용하면서 새로운 길이 열렸다. 이 과정에서 구글과 같은 거대 기업이 보유한 막대한 데이터가 중요한 역할을 했고, '명확한 정의—참·거짓의 판별—순서 있는 처리'라는 전통적인 문법 대신 막대한 데이터를 통한 기계학습과 같은 새로운 영역이 개척되었다. 이 과정이 인공지능이다. 명제를 논의하려면 이런 역사적 과정을 설명하는 것이 필요하다.

명제의 하이라이트는 대우명제 즉 '귀류법'이다. 가령 'a가

남자이다'라는 사실을 증명해야 하는데 그것이 어려울 경우 간접적인 방식을 취할 수 있다. 즉 'a가 여자가 아니다'라는 것을 증명하는 것이다. 귀류법은 중등수학에서 강력한 힘을 발휘한다. $\sqrt{2}$ 가 무리수임을 증명하는 과정이나, 원 밖에서 원에 접선을 그었을 때 원의 중심과 접점이 수직을 이루는 과정도 귀류법을 통해 증명한다. 내가 볼 때 증명보다 중요한 것은 귀류법이라는 증명방법이다.

둘 중 하나다. 집합과명제를 다루면서 이런 내용을 포괄하여 가르치거나 아예 빼는 것이 좋다. 학생의 입장에서 보면 교양서적이나 영상을 통해 집합과명제의 의미를 공부하거나 그냥 아무 생각 없이 기계적으로 푸는 것이다.

그 밖의 영역들도 대부분 생략 가능하다. 다만, '통계'와 '벡터와행렬'에 대해서는 한마디 첨언할 것이 있다. 필자는 통계 부분이 가볍게 다뤄지는 것에 대해 강한 문제의식을 가지고 있다. 학교수학에서는 일종의 고전 수학이라고 할 수 있는 유클리드 기하의 비중이 큰 반면 현대적이고 실용적인 부분인 통계의 비중이 너무 작다.

물론 고전은 고전대로 의의가 있다. 그러나 유클리드 기하는 수학적 가치보다는 철학이나 역사적인 가치가 더 크다. 시대의 흐름에 맞게 교과나 수업 방향의 조정이 필요하다. 반면 통계는 수학적 테크닉보다는 실용적이고 현장적인 측면을 강조할 필요가 있다. 예를 들어 빅데이터와 관련한 토론과 공부는 수학적 지식과 무관하게 매우 진지하고 건설적인 학습이 가능하다.

최근 교과과정에서 행렬이 빠지고 기하벡터의 포함 여부가 논란이 된 바 있다. 이런 논란을 볼 때마다 황당하다는 생각이 든다. 시대적 요구는 더 빨리 더 많은 것을 가르치고 배우는 것이다. 따라서 최대한 공부 효율을 높여 더 많은 것을 가르치는 방향에서 커리큘럼을 고민해야 한다. 그런데 지금은 시스템을 바꿀 생각은 하지 않고 덮어놓고 교과를 줄이려는 경향이 있다.

교과를 줄인다면 타깃은 중학수학이 되어야 할 것이다. 전통적인 학교 시스템을 넘어서는 기획을 통해 짧은 시간에 더 많이, 더 고급한 것을 다루는 방향에서 사고해야 한다.

대안 참고서의 방향

지금까지 중고등 수학을 효과적으로 공부할 수 있는 나름의 새로운 교과과정을 제시해보았다. 나는 앞으로 이러한 방법론을 충실히 반영한 새로운 대안 참고서를 출간할 계획이다.

1966년 출간된《수학의 정석》은 우리나라 수학교육의 수준을 한 단계 끌어올리고 수학교육의 표준 체계를 확립한 기념비적인 저작이다. 이후 나온 모든 참고서들은 '간략한 개념설명 - 유형문제 - 연습문제'라는《정석》의 기본 패턴을 충실히 따르고 있다.

하지만《정석》류 참고서들의 최대 맹점은 설명이 지나치게 간략한 대신 문제가 너무 많다는 점이다. 개념에 대한 풍부한 이해보다는 지엽적인 유형문제로 빠지는 구조적 결함이 있다. 따라서《정석》이후의 참고서들은 다양한 유형문제를 담느라 하나같이 점점 분량이 많아지고 있다.

내가 집필하고 있는 대안 참고서의 특징은 무엇보다 '말이 많은 참고서'다. 수학자들이 간결하게 정리해둔 공식을 자세한 시대적 배경 설명과 다양한 문제의식을 결합해 재구성하는 것이다. 건조하게 표준화된 설명보다는 구체적이고 다면적인 접근을 통해 생동감을 불어넣어야 한다. 반면에 문제풀이는 기본적인 내용만을 다룬다. 기본적인 문제풀이도 핵심적인 것만을 다룬다. 방정식을 예로 들자면, 이차방정식을 푸는 과정에서 기타 모든 방정식과 부등식을 한꺼번에 처리하는 방식이다. 최종 목표는 수능이라는 본 게임에 진입하기 위한 최단 경로를 제시하는 것이다. 내가 생각하는 대안 참고서의 집필 방향은 다음과 같다.

첫째, 시대와 학생들의 인지 발달 수준에 맞게 교과를 2~3년 정도 앞당기는 것이 필요하다. 먼저 중학수학의 기본 흐름을 덧셈과 곱셈, 분수와 소수의 계산에서 지수와 로그로 재편한다. 문자연산과 유클리드 기하의 비중을 대폭 줄이고 극한과 삼각함수, 미적분을 전면에 두어야 한다. 사실상 지금의 고2 문과 수학 정도를 중학교의 기본 교과로 담을 수 있다.

현행 교과에서 간과하고 있는 부분 중에 새로 도입하거나 강조해야 할 영역이 있다. 수 체계와 유클리드 공리에서 역사적 맥락과 철학적 측면을 도입하는 것, π와 e에 대한 적극적인 소개 등이 그렇다.

대폭 삭제하거나 간소하게 처리해야 할 영역은 불필요한 문장제 문제, 유클리드 기하 중 지나치게 기술적인 부분, 과도한 유형문제들이다.

둘째, 현행 수학교과의 치명적인 약점은 영역별, 학년별로 분절되어 있다는 점이다. 이것은 중고교를 거친 대다수 성인들이 공통으로 느끼는 소회이기도 하다. 중학교의 경우 '1학기는 대수, 2학기는 기하' 하는 식으로 구분해놓고 이를 다시 세분하는 식의 서술은 학생들의 시야를 자꾸 지엽화시키는 경향이 있다.

시야를 더 멀리 두고 대수와 기하, 함수와 확률을 하나의 통합된 시야에서 접근해야 하며 부문들 사이의 연계를 강화해야 한다. 이를테면 이차방정식을 해결하는 과정에서 방정식 전체에 대해 더 효과적으로 접근할 수 있다.

셋째, 다양한 수업방식을 염두에 두고 기술해야 한다. 전통적인 강의식 수업 이외에 프로젝트, 토론형 수업이 진행되는 것은 환영할 만하다. 향후에는 데이터와 영상 시대에 걸맞게 더욱 파격적인 대안을 생각할 수 있다. 이를테면 중고등 수학에서 기본 스킬에 해당하는 부분 전체를 실시간 동영상이나 기계적인 방식으로 처리하는 것을 생각할 수 있다.

넷째, 교과를 줄이는 것이 아니라 더 빨리 더 많이 가르치는 것을 기본에 두어야 한다. 시대는 발전하고 있는데 자꾸 교과를 줄이려고 하는 것은 시대의 추이를 거스르는 이상한 풍조다. 교과를 효율화하고 첨단 기자재를 동원하는 것만으로도 지금보다 훨씬 많은 것을 가르칠 수 있다. 현재 학생들의 공부량에 비춰보면 고2~3 상위권은 대학수학을 해도 아무 지장이 없다.

내가 생각하는 대안 참고서의 대강의 차례는 다음과 같다. 위의 집필 방향에 기반하되 현실적 여건을 고려했다.

초4~중1	중1~중2	중2~중3
수열	수열	미적분
지수·로그·루트	지수·로그·루트	무한등비급수
수열과 확률에서 좋은 문제	방정식	삼각함수 극한
	함수	
	기하(삼각비)	
	무한	
	확률	
	벡터와 행렬	

초4~중1 시기에 대한 핵심적인 문제의식은 기본적인 숫자 감각의 배양이다. 필자가 중시하는 것은 분수소수가 아니라 수열이나 지수·로그·루트를 통해 그것을 익힐 수 있다는 것이다.

중1~2는 두 가지를 목표로 한다. 수열, 지수·로그·루트, 방정식, 함수, 기하와 확률은 기존 중학교과를 간소화한 것이다. 반면에 기하(삼각비)와 무한은 고2 수학을 가져온 것이다. 기본 문제의식은 중학수학을 전통적인 방정식과 기하에서 삼각함수와 극한이라는 새로운 지평 위에서 재구성해야 한다는 점이다.

중1~2 과정이 끝나면 고등수학으로 진입한다. 여기서는 미적분이 중심이다. 미적분은 다양한 방면에서 풍부하게 설명하되 초월함수를 포함한다. '다항함수 문과, 초월함수 이과' 식의 구분은 더 이상 맞지 않는다. 그리고 여기서 e를 배우지 않을 거라면 아예 수학을 하지 않는 게 좋다. 그 외 수능 모의고사 중 무한등비급수나 삼각함수 극한 기출문제를 통해 수학하는 재미와 스킬을 배울 수 있다.

3부

문제는
공부의 속도와
효율이다

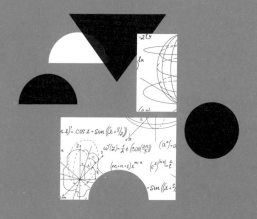

먼저 목표를 뚜렷이 세우자

김정호가 지리산을 지도로 그린다고 하자. 가장 먼저 해야 할 일은 무조건 산 정상에 오르는 것이다. 정상에 올라 도대체 지리산이 얼마나 큰지, 산과 산 사이에 무엇이 있는지를 살펴봐야 한다. 산 정상에서 내려와 다시 산을 오를 때에도 동일한 작업을 반복해야 한다. 끊임없이 산 정상을 올려다보며 내가 어디쯤 있는지 가늠해야 하고, 틈틈이 산 정상에 올라 자신이 올랐던 과정을 복기해야 한다.

그림을 그릴 때에도 마찬가지다. 덮어놓고 그림을 그리기보다는 연필로 대충 윤곽을 잡은 후 전체적인 구도를 잃지 않으려 노력해야 한다.

입시가 다양해짐에 따라 학생마다 목표가 제각각이다. 수시와 정시가 있고 논술도 있다. 어디를 지망하느냐에 따라 공부방법과 분량이 다르다. 수시와 정시 같은 입시 전형에 따른 차이도 있지만 학생의 목표 점수, 학생의 성향에 따라서도 목표가 달리 정해진다.

가령 이과 수학 3등급이 필요하다면 미적분Ⅱ에서 출제되는 킬러 문제를 포기하고 나머지 문제를 조밀하게 잡을 수 있다. 이 경우라면 14~20번 4점 문제들을 정확히 풀어야 하고 28~29번 주관식에서 실수가 없어야 한다. 문과 2등급이 목표라면 16~18번 정도에서 출제되는 무한등비급수를 무조건 잡아야 한다.

위와 같이 목표와 전략이 명확하면 학생의 공부량은 극적으로 줄어든다. 학생들이 배우는 전체 수학 중 입시수학이 차지하는 분량은 10퍼센트를 넘지 않는다. 중학수학 대부분이 그렇다. 교사의 가장 중요한 임무는 얼마나 잘 가르치는가보다 쓸데없는 부분을 걸러내는 것이다.

한번은 고3 학생과 수업을 하는데 자신이 풀고 있는 기출 문제집을 보여주었다. 이름만 대면 알 만한 참고서였다. 상당한 분량의 참고서에는 해당 학생에게 부적절한 내용이 가득했다. 일단 그 학생의 목표치에 비해 터무니없이 어렵거나 쉬웠다. 분명히 그 학생이 중시해야 할 분야가 있고 그렇지 않은 분야가 따로 있는데 말이다. 나는 그 학생에게 맞는 문제를 선별해주느라 꽤 많은 시간을 보냈다.

심지어는 아예 불필요한 내용도 있었다. 가령 삼각함수에서 사인법칙이나 코사인법칙은 출제되지 않는다. 그러나 오래전에 출제된 문제라고 해서 그냥 실어놓았다. 참고서들은 필요한 분량을 맞추기 위해 중요성이 떨어지는 문제들까지 실어놓는다. 이런 문제를 선별해주지 않으면 학생은 쓸데없이 시간을 낭비하게 될 것이다.

정도의 차이는 있지만 시중에 나와 있는 모든 참고서가 그렇다. 모든 참고서는 수만 명 이상을 상대로 만든다. 따라서 가능한 한 많은 내용을 범용적으로 담고 있다. 결국 해당 학생에게 필요한 내용은 5퍼센트를 넘지 않는다.

인강도 마찬가지다. 50분 강의라면 학생에게 필요한 분량은 5분을 넘지 않는다. 나머지는 흘러가는 시간이다. 이런 정도의 공부 효율로는 대학을 갈 수 없다. 현 시점에서 가장 필요한 교사는 학생들을 잘 가르치는 선생님이 아니라 학생들에게 필요한 자료와 콘텐츠를 조언해주는 큐레이터다.

지금의 대학입시는 운전면허시험과 유사하다. 0~100점까지 또는 1~9등급까지 있는 것이 아니다. 마치 운전면허시험처럼 70점을 넘으면 합격, 그렇지 않으면 불합격 하는 식의 시험이다. 향후 추세를 고려하면 '인 서울'인가 그렇지 않은

가는 생각보다 중요한 갈림길이 될 수 있다.

이런 상황이라면 먼저 자신의 목표를 뚜렷이 세우고 이를 달성하기 위한 공부를 해야 한다. 운전면허시험처럼 수능에서도 69점을 맞나 40점을 맞나 합격하지 못하는 것은 마찬가지다. 하지만 현재 학교와 사교육의 방식은 마치 판정패가 정해진 권투선수가 마지막 12라운드를 포인트 위주로 운영하는 것과 같다. 중학교 때부터 목적을 분명히 정하고 최대한 효율과 속도를 끌어올려야 한다.

뚜렷한 목표가 어떤 결과를 보여주는가를 보여주는 극적인 사례를 하나 소개하겠다. 고2 형준이는 친구와 어울리는 것을 좋아했다. 사실 고2 남학생 대부분이 그렇다. 그런데 한편으로는 수학 공부도 해야겠다는 모순된 마음을 갖고 있었다. 나는 형준이에게 집에 가기 전에 아무 때나 학원에 들러서 5~10분 공부하고 가라고 했다. 형준이는 친구와 놀다 집에 가기 전에 잠깐 들러 내가 주는 문제를 풀고 가곤 했다.

지금은 교육과정이 달라졌지만 이전 교육과정에는 행렬이 있었다. 고2 문과생들은 첫 중간고사 때 행렬을 배웠다. 나는 역행렬 구하는 법만 집요하게 가르쳤다. 형준이는 이차방정식도 제대로 풀지 못했다. 그러나 내 목표는 일단 중간고사에서 좋은 성적을 받게 하는 것이었다. 5~10분 주어진 공부시간에 이차방정식부터 가르치면 아무것도 남지 않는다.

시험을 앞두고 학교에서 예상 시험문제를 내주었다. 형준이는 특성화고에 다녔다. 시험은 말할 수 없이 쉬웠다. 형준이는 시험을 며칠 앞두고 조금 더 시간을 내어 공부하겠다고 찾아왔다. 시험 2~3일 전 나는 형준이와 하루 2~3시간씩 공부했다. 예상 시험문제가 있는 조건에서 목표는 분명했다. 주효했던 것은 평소 5~10분씩 훈련했던 것이었다. 기본 체력이 받쳐주었기에 학교에서 내준 문제에만 집중할 수 있었다.

중간고사와 기말고사에서 형준이는 각각 96점, 100점을 받았다. 수학만 놓고 보면 전교 1등이었다. 내 교사 경력에서 가장 극적인 사례다. 정도의 차이는 있지만 거의 모든 학생에게 형준이의 예를 적용할 수 있다. 모든 입시는 시험범위와 출제 경향이 주어져 있다. 따라서 목표를 명확히 세우고 거기에 방점을 찍고 공부하는 것이 중요하다.

본론부터 곧바로 시작하라

대학수학을 공부하기 위해 애썼던 적이 있다. 혼자 공부하는데 좀처럼 진전이 없었다. 그래서 수학과, 물리학과 석박사들에게 수업료를 내고 도움을 청했다. 내가 묻는다. "아인슈타인의 상대성이론을 수학적으로 설명하면 어떻게 되는가?" 그들의 대답은 천편일률적이다. "그것을 알려면 적어도 선형대수 1학기, 미분기하학 1학기를 배워야 한다." "그럴 시간이 없으니 핵심만 말해주면 안 되겠는가?" 그럴 수 없단다.

그들은 시대적 한계에 깊이 묶여 있었다. 무엇을 이야기하기 위해서는 서론부터 시작해야 한다는 태도 말이다. 지금도 전국의 모든 학교와 학원에서 비슷한 광경이 벌어진다. 강의는 간략한 훈계에서 시작해 서론을 거쳐 본론, 결론으로 이어진다. 1970년대에 교장 선생님이 학생들 전체를 운동장에 모아놓고 하던 알 듯 모를 듯한 훈화와 다를 바 없다.

그때에도 교장 선생님의 훈화는 지루하고 위압적이었다. 그러나 어투는 달라졌지만 지금이 더 심하다는 생각이 들곤 한다. 도대체 학교와 학원에서 듣는 수업 중에서 인강으로 대체 불가능한 수업이 몇이나 될까 싶다. 인강에서 들을 수 있는 강의를 학교와 학원에서 되풀이할 이유가 없다. 강의는 달리 들을 수 없는 탁월한 내용이거나 해당 학생에게만 특화된 수업이어야 한다. 아니면 토론과 프로젝트 수행처럼 팀이 필요한 경우다.

학교와 학원에서 여전히 전통시대의 화법이 남아 있는 동안 세상은 많이 달라졌다. 논술이나 프레젠테이션을 할 때 또는 일상 대화에서도 비슷한 요구를 하고 동일한 요청을 받는다. "거두절미하고 본론부터 말해주세요!" 이것이 우리가 사회생활을 하면서 즐겨 듣는 메시지다.

어느 때부터인가 학교는 세상보다 낡아버렸다. 학교의 낙후함을 보여주는 단적인 사례가 이야기 방식이다. 아인슈타인의 상대성이론을 설명하기 위해 몇 학기 분량의 전문 지식을 쌓은 후에야 가능하다면 그가 정말로 상대성이론을 이해하고 있다고 보기 어렵다.

공부의 효율과 속도를 높이기 위한 방법은 바로 본론에 진입하는 것이다. 수학이라면 집합은 놔두고 바로 미적분부터 시작하는 것이 좋다. 미적분에서도 앞에 나오는 유도 과정은 뒤로 미루고, 도대체 미분을 통해 수학이 무엇을 하고자 하는지를 보여주는 것이 좋다.

공부가 심화되는 과정도 유사하다. 교과서를 순서대로 따라 하는 것이 아니라 다소 부족하더라도 핵심적인 목표를 먼저 진행한 후 여기서 가지를 치는 방식으로 진행하는 것이 옳다. 차근차근 공부하지 말고 일점돌파한 후 수습하는 것이 옳다.

대표적인 대목이 미분을 이용해 초월함수의 그래프를 그리는 것이다. 구체적으로 $y=xe^x$를 그리는 것이다. 여기서 낯선 문자가 등장한다. e가 그것이다. 저것을 미분하는 것도 난감하다. 그래프를 그리는 과정에서 극한 개념도 나온다. 학교수학은 이런 과정을 모두 진행한 후 그래프를 그리라고 요구한다. 이것만으로 미적분 II의 공부 분량은 산더미처럼 늘어난다. 나는 반대로 할 것을 권한다. 일단 그래프를 그린 후 가지 치기하듯 e의 의미, 미분법 등을 가르치는 것이 좋다.

이런 것이 몇 가지 있다. 중학수학 전체를 관통하는 것은 이차방정식이다. 학교는 문자와 식을 배우고 전개를 한 뒤 인수분해를 하고 여기에 등호를 넣어 이차방정식을 만든 후 풀라고 한다. 이차방정식 하나 푸는 데 3년이 걸린다. 초5~6 정도면 바로 이차방정식을 눈앞에 두고 푸는 것이 좋다. 모르는 것이 있다면 이차방정식이라는 화두를 놓지 말고 거기서 가지치기하듯 가르치는 것이다.

완벽주의를 버리고 과감히 스킵하기

필자가 학교에 다니던 1970년대에는 책이 귀했다. 따라서 책 한 권을 사면 애지중지하며 읽곤 했다. 책에 특별한 의미를 부여하는 것은 책이 귀하기도 했지만 책에 담긴 생각 때문이었다. 책은 지식과 교양이라는 특별한 의미를 담고 있었다. 따라서 책 한 권을 사면 처음부터 끝까지 다 읽어야 한다는 정신적 부담이 생긴 것 같다.

디지털 시대가 되면서 정보가 넘쳐나기 시작했다. 그에 따라서 디지털 정보에 대한 우리의 태도도 많이 달라졌다. 우리는 디지털 정보를 빠르게 취사선택하고 그것을 선별하여 습득한다. 그렇다고 디지털에 담긴 지식이 책에 담긴 정보보다 못한 것이 아니다. 그것에 담긴 사회적 의미가 다를 뿐이다.

필자가 '맥스웰 방정식'에 대해 혼자서 공부했을 때의 일이다. 나는 시중에 알려진 대학교재 여러 권을 사서 처음부터 탐독했다. 그러나 좀처럼 진도가 나가지 않았다. 그러다가 우연히 유튜브에서 맥스웰 방정식을 쳤더니 그것과 관련한 소개 영상이 하나 나왔다. 흥미로웠던 것은 내가 공부하는 속도보다 유튜브가 유사 동영상을 추천하는 속도가 더 빨랐다는 점이다. 내가 이들 자료 모두를 섭렵할 수 없다는 것은 너무도 명백했다. 나는 담담하게 이것저것 영상을 뒤적이며 쇼핑하기 시작했다.

영상은 그야말로 다양한 형식으로 제작되어 있었다. 어떤 영상은 맥스웰 방정식의 의미를 소개하는 데 집중되어 있었다. 여기서 나는 '다이버전스'나 '컬'의 개념을 직관적으로 이해할 수 있었다. 반면 어떤 영상은 그냥 따라서 풀 것을 요구했다. 뜻밖에도 나는 이런 영상에서 많은 도움을 받았다. 되든 안 되든 따라서 풀다 보면 이전에 쇼핑했던 영상과 어울려 차츰 퍼즐이 맞춰지는 것이다. 책으로는 도저히 넘을 수 없을 것 같았던 맥스웰 방정식이 어느 날 거짓말처럼 풀렸다.

학생들을 가르치다 보면 애를 먹을 때가 있다. 분명 이것은 학생들이 이해할 수 있는 개념이 아니라는 생각이 들어서다. 그런데 학생들 중 일부는 그것을 이해하지 못하면 다음으로 넘어갈 수 없다고 버틴다. 반면에 현 시점에서 이해하는 것이 불필요한 내용인 경우도 있다. 정규 교과는 그런 내용으로 가득 차 있다. 미적분이나 통계 분야는 '그냥 받아들이기로 하자'라는 말을 아무렇지 않게 쓰고 있다. 그런데 이런 내용에 의문을 품기 시작하면 난감해진다.

앞에서 나는 우리의 설명 방식이 지나치게 기승전결 식으로 구성되어 있다고 주장했다. 그리고 그 대안으로 본론부터 바로 시작하는 것, 목표를 명확히 하고 여기에 관심을 집중하는 것을 중시했다. 동일한 맥락에서 주어진 정보를 어떻게 잘 이해하느냐보다 주어진 정보가 가치 있는 정보인가 그렇지 않은가를 판단하는 것이 더 본질적이다.

수학을 비롯한 여러 교과가 그렇다. 교과는 마치 학교 밖에는 특별한 무엇이 없는 것처럼 교과서와 수업이라는 좁은 테두리 안에 우리의 시야를 묶어두려 한다. 그리고 거기서 시험 문제를 낸다. 학생들의 입장에서는 학교가 제공하는 좁은 정보의 세계에 묶여 그것을 토씨 하나 놓치지 않으려 노력한다. 결정적으로 놓치고 있는 것은 세계를 보는 넓은 시야와 수많은 정보를 취사선택하는 우리의 능력이다.

수학도 마찬가지다. 그냥 중고등 6년 수학 전체가 하나의 교육과정이다. 초등 6년이 되면 앞으로의 6년 과정 전체를 통으로 놓고 공부를 설계하는 것이 필요하다. 수능의 시험범위는 미적분Ⅰ 1~30쪽이 아니라 중고등 6년 전체다.

중고등 6년 전체를 통으로 놓고 사고해야 한다. 우리는 목표를 명확히 세우고 자신의 수준에 맞는 캠프를 차려야 한다. 캠프가 나타나면 속도를 늦추고 오래 머물러야 한다. 반면에 캠프가 아니라고 판단되면 최대한 가볍게 점핑해야 한다. 모르는 것이 있더라도 과감히 스킵해야 한다.

인생 자체가 그렇다. 조그만 서점이라면 서점에 진열된 모든 책에 관심을 둘 수 있다. 하지만 대형 서점이라면 대충 둘러보다 필요한 곳에만 들를 것이다. 그리고 인터넷이라면 우리는 대부분을 스킵하고 필요한 곳에만 집중할 것이다.

우리는 이미 그렇게 하고 있다. 하지만 학교와 교과에 들어서면 전혀 다른 태도를 보인다. 30쪽밖에 되지 않는 시험범위를 샅샅이 뒤지고 교사의 사소한 말 한마디 놓치지 않기 위해 친구의 노트를 빌린다.

우리가 읽어야 할 데이터의 규모는 산더미다. 세부 데이터에 파묻혀 있으면 길을 잃고 만다. 수많은 데이터 속에서 핵심을 판별하고 여기에서 가치 있는 것을 끌어내야 한다. 이를 위한 가장 중요한 덕목은 불필요한 것에 관심을 두지 말고 가볍게 스킵하는 능력이다.

개념과 기본 연산만 철저히 잡자

헬스장에 갔다고 치자. 헬스장에서 근육을 키워야 하는데 몇 주 동안은 아령, 다음 몇 주 동안은 윗몸일으키기, 또 다음 얼마 동안은 역기와 같이 트레이닝을 설계하지는 않는다. 당연히 아령 조금, 역기 얼마처럼 다양한 근육을 동시에 발전시키는 경로를 선택한다. 중고등 수학도 마찬가지다. 중고등 수학의 상당 부분이 기본 개념에 기초하여 스킬을 익히는 것이다. 따라서 이들 개념 모두를 통으로 놓고 조금씩 전진하는 것이 좋다.

무리수를 배운다고 치자. 학교와 참고서는 무리수의 개념을 설명하고 유제를 푼 뒤 심화문제와 응용문제를 지루하게 다룬다. 필자의 경우에, 무리수 개념은 하루면 끝난다. 나머지는 스킬인데, 이것은 학생마다 차이가 있다. 중요한 것은 무리

수 개념과 이에 기초한 기본 연산만 꾸준히 잡는 것이다. 일단 기본이 잡혔다 싶으면 쓸데없이 반복하지 말고 다른 단원으로 나가는 것이 좋다.

차이가 느껴지는가? 학교는 무리수를 배울 때 개념-유제-연습문제-응용문제 등으로 설계되어 있다. 내가 주장하는 것은 기본 개념과 연산만 배운 후 무리수에 머물러 있지 말고 바로 다음 단원으로 넘어가는 것이 좋다는 것이다. 가령 이차방정식과 지수로그를 한꺼번에 나갈 수 있다.

그리고 다음 시간에 무리수의 기본 개념을 다시 확인하는 것이다. 동시에 이차방정식의 기본 개념과 스킬만 반복한다. 이런 과정을 얼마간 지속함으로써, 무리수의 기본 개념과 스킬을 여러 번에 걸쳐 반복 연습하게 된다. 반면에 무리수, 이차방정식과 관련한 응용문제는 생략하는 것이다.

차이는 명확하다. 중2~고1 중하위권 학생들은 많은 것을 보고 들었다. 그러나 제대로 풀지 못한다. 고1이 되어서도 일차방정식의 그래프를 못 그리거나 이차방정식을 못 푸는 경우가 허다하다. 학생이 공부에 투자한 시간을 고려하면 터무니없는 결과다. 학교의 선형식 수업방식이 원인이다. 고1 학생들에게 필요한 것은 잡다한 응용문제가 아니다. 중요한 것은 고등수학을 하기 위한 최소한의 기본 테크닉과 그 과정에서 형성된 수학적 태도다. 개념-유제-연습문제-응용문제 식의 서술 방식은 고등수학의 관점에서 보면 비효율의 극치다.

상위권 학생들에게는 시간 낭비다. 모든 학생들에게는 자기만의 레벨이 있다. 그리고 상위권 학생들의 레벨은 학교수학을 이미 뛰어넘은 상태다. 따라서 필요한 것은 미적분을 하기 위한 무리수, 이차방정식과 관련한 기본 스킬이지 응용문제가 아니다. 만약 무리수에 대해 더 알고 싶다면 응용문제를 풀 것이 아니라 무리수에 관한 교양서적을 읽으면 된다. 요즘에는 유익한 다큐멘터리, 서적, 영상이 차고 넘친다. 그야말로 산처럼 쌓여 있다.

한편 기본 개념에 기초한 스킬을 넘어서는 과도한 연산 연습도 불필요하다. 고등수학을 마치기 이전까지 학생 모두가 계산을 너무 많이 한다. 무리수-이차방정식에서 수식을 복잡하게 꼬아놓은 후 이를 계산할 이유는 없다. 역시 목표를 명확히 한다면, 수능 킬러 문제를 눈앞에 두고 계산 연습을 하는 것이 옳다.

이런 식으로 하면 진도는 그야말로 삽시간에 끝난다. 초5~중1 기준으로 루트와 지수로그, 이차방정식과 함수의 그래프 개형, 시그마와 수열까지 아무리 길어도 1년이면 충분하다. 중고등 수학 대부분이 그렇다.

문장제 문제는 과감히 생략하라

중1~중3에 걸쳐 문자연산 등과 관련된 다양한 문장제 문제들이 존재한다. 결론부터 말하면 모두 생략해도 된다.

문장제 문제의 결정적인 문제점은 개념은 쉬운데 문장이 어렵다는 것이다. 중학수학에서 방정식을 활용한 문장제 문제는 매우 쉬운 개념이다. 문장제 문제의 대부분이 일차방정식이거나 이차방정식인데 애초에 그 개념이 어려울 리 없다. 수학의 관점에서 보면 매우 초보적인 수학이다.

그런데 이를 비틀어놓은 문제는 문장이 어렵다. 별것 아닌 개념으로 문제를 만들려니 비현실적인 상황을 만들어내야 하기 때문이다. 이런 문제를 볼 때마다 애썼다는 생각이 든다. 감이 오지 않을 것이다. 예를 드는 것이 좋겠다. 다음은 중2 일차부등식 단원에 있는 이른바 활용문제다.

명환이는 집에서 시속 2km로 산책을 나갔다가 돌아올 때는 걸어온 길을 따라 시속 4km로 오려고 한다. 전체 걸리는 시간이 3시간 이하가 되려면 명환이는 집에서 최대 몇 km 떨어진 지점까지 산책을 갔다 올 수 있는지 구하라.

농도가 15%인 소금물 800g에 8%의 소금물을 넣어 소금물의 농도를 10% 이상 12% 이하가 되게 하려면 8%의 소금물을 몇 g 넣어야 하는지 구하라.

중2 교과서 '중단원 실력 쌓기'라는 단원에서 인용했다. 이 단원은 1~11번까지가 연산문제이고 12~18번까지가 위와 같은 수준의 문장제 문제다. 문제를 읽어보면 대충 상황은 이해가 된다. 상황을 이해하는 데 특별히 어려운 개념은 없다. 그런데 진짜 문제는 위 상황을 질서 있게 나열하고 해결하는 데 상당한 집중력이 필요하다는 점이다. 위 단원에서는 이런 수준의 문제를 연달아 일곱 문제를 풀라고 요구하고 있다. 한두 문제를 주고 풀라면 어찌어찌 해보겠다. 그런데 이런 문제를 연달아 일곱 개나 풀어야 한다면 난감하다. 무엇보다 그래야 하는 이유를 잘 모르겠다.

고등수학으로 가면 상황이 역전된다. 개념 자체가 어렵기 때문에 상황을 이해하는 데 많은 시간을 할애한다. 생각해보라. 가령 중력이 있는 곳에서는 공간이 휜다는 사실이 이해가 되는가? 아인슈타인의 일반상대성이론이다. 이런 수준은 아니지만 고등수학으로 갈수록 수학은 점점 추상화되고 일반화된다. 우스갯소리로 분명 수학인데 점점 숫자는 사라지고 기호와 문자만 남는다.

이런 상황이 되면 상황과 개념을 이해하는 것 자체가 과제다. 중요한 것은 응용문제가 아니라 그냥 개념 자체를 이해하는 것이다. 따라서 문제는 매우 쉽다. 문제가 개념을 얼마나 충실히 이해하고 있는가를 묻고 있기 때문이다.

문장제 문제가 늘어난 이유는 중학수학에서 변별을 해야하는 특수한 상황 때문이다. 상황에 맞게 방정식을 세우고 이를 풀면 그것으로 끝이어야 한다. 더 공부를 하고 싶다면 문장제 문제 대신 그냥 고등수학을 하는 것이 옳다. 문장제 문제의 이런 특징 때문에 중등수학은 매우 고통스럽다. 문장제 문제는 거의 전부 풀지 않아도 된다. 특히 상위권이라면 거의 대부분 쓸데없다. 그런 문제를 푸느니 하루 빨리 고급 개념을 익히는 것이 좋다.

중위권이라면 더욱 그렇다. 중위권 학생이 문장제 문제에 휘말리면 수학에 대한 흥미를 잃는다. 학생들이 수학에 염증을 느끼는 지점이 바로 이 대목이다. 누구라도 긴 문장을 접하면 긴장부터 한다. 그만큼 신경을 써서 문장에 집중해야 하기 때문이다. 중위권 학생이 이런 문제를 몇 문제 풀고 나면 넋이 나간다.

문장제 문제의 또 다른 문제점은 고등수학에 필요한 기본 개념이 엷어진다는 점이다. 중위권의 경우 문장제 문제는 안 해도 되는 것이 아니라 적극적으로 하지 말아야 한다. 하면 할수록 늪에 빠진다.

단순 연산에 대한 오해

스토리텔링이 유행하면서 문장제 문제를 중요하게 생각한다. 하지만 이것은 수학의 본질과 맞지 않다. 수학의 본질은 기호를 통해 복잡한 상황을 함축적으로 표현하고 이를 적절한 연산(알고리즘)을 통해 답을 찾아가는 것이다.

수학의 역사를 돌이켜보면 이러한 기호적 특성이 극적으로 드러난다. 전통 수학은 말로 기술되어 있다. 가령 '지금 나에게 사과가 4개 있는데 어제 한 개 먹은 것이 분명하다. 그렇다면 그저께 내가 갖고 있던 사과는 몇 개인가?' 하는 식이다. 기호로 처리하면 $x - 1 = 4$이다.

'사과 1개, 2개'라고 할 때는 언어로 기술하는 것이 가능하지만 복잡해지면 말로 수학을 하는 것이 거의 불가능하다. 문장으로 무언가를 기술할 수 있다는 것은 다루는 대상이 단순하기 때문이다. 공부할 필요가 없는 단순한 수학이기 때문에 그런 소박한 태도가 가능한 것이다. 고급 수학으로 가면 상황이 너무 복잡하기 때문에 필사적으로 상황 전체를 요약해야 한다. 이를 위해 기기묘묘한 기호들을 만들어냈다. 그렇지 않으면 상황을 간명하게 정리할 수 없기 때문이다. 같은 맥락에서 15세기 이후 수학을 기호로 처리하는 기호 대수학이 없었다면 근대 과학혁명은 불가능했을 것이다.

중학생들에게 본질적으로 중요한 것은 기호와 문자를 적절히 사용하고 그것을 대수적으로 조작하여 답을 내는 과정을 익히는 것이다. 그것으로 충분하다. 그리고 그러한 행위는 모든 학문의 요체다. 뉴턴과 오일러가 우주를 설명하고자 했던 작업을 문자와 기호를 통해 단순화시켰듯이 말이다.

사실 여기까지는 교양수학이다. 모든 학생이 의무적으로 이수해야 하는 수준은 여기까지면 족하다. 앞으로 역사나 철학을 전공할 거라면 연산 연습이 아니라 기호와 문자로 수학을 하고자 했던 정신을 이해하는 것이 중요하다. 반면에 이공계를 진학할 거라면 대학수학 정도를 공부하는 것이 좋다. 그런데 현재 학교수학은 문장제 문제를 기이하게 만들어놓고는 거기에 응용문제, 심화문제라는 이상한 이름을 붙여 이를 미화하고 연산을 폄하한다.

사실 어찌 보면 연산이 수학의 본질이다. 연산을 폄하하는 분위기가 있다면 알고리즘이라고 해도 좋다. 필자는 앞에서 비유클리드 기하학의 출현 과정에서 인류의 지적 비약을 소개했다. 철석같이 믿었던 완전 평면이 사실은 지구 위에서 진화해온 인간 경험의 산물에 불과할 뿐 누구도 부정할 수 없는 자명한 진리가 아닌 것이다. 그렇다고 완전 평면이 사라진 것이 아니다. 완전 평면은 내가 딛고 있는 구체적이고 물리적인 땅이 아니라 곡률이 0인 수학의 세계에 존재하는 가상의 공간이다.

이런 태도 변화가 큰일을 한다. 맥스웰은 19세기의 다양한 실험과 관찰을 모아 전자기와 관련된 4개의 방정식을 정립했나. 그린데 맥스웰 방정식에 따르면 전자기파의 속도가 당시 초속 30만 킬로미터로 알려져 있던 빛의 속도와 같았다. 즉 빛이 전자기파임을 증명한 것이다.

이 과정에서 맥스웰이 동원한 것은 실험이나 관찰이 아니다. 19세기 과학은 이미 실험으로 다다를 수 있는 세계를 넘어섰다. 이론물리학이 그런 영역이다. 그들은 종이와 펜을 가지고 수학이라는 도구를 활용해 물리학을 한다. 왜냐하면 그들의 생각을 실험할 방법이 없기 때문이다. 대표적인 인물이 아인슈타인이다.

2016년 과학자들은 중력파를 관측했다. 130억 광년 떨어진 두 개의 블랙홀이 충돌하는 과정에서 생긴 공간의 미세한 뒤틀림을 관측한 것이다. 20세기 초에 아인슈타인이 예언한 것을 100년이 지난 지금에야 관측을 통해 입증한 것이다. 즉 아인슈타인은 100년 전에 당시 과학기술 수준으로는 알 수 없었던 것을 수학과 사고실험을 통해 알아낸 것이다.

중학수학에서 본질적인 것은 x의 의미를 정확히 알고 현상을 기호화하여 이를 처리하는 것이다. 이것을 할 수 있으면 그것으로 끝이다. 그것이 중학수학의 핵심이다. 그것을 할 수 있다면 미적분이나 다른 고등수학으로 건너뛰면 될 일이지 쓸데없는 문장제 문제를 푸느라 시간을 보낼 이유가 없다.

자신의 레벨에 맞춰 공부 속도를 조절하자

등반가가 있다. 그가 밧줄을 타고 아찔한 절벽을 내려온다. 노련한 등반가는 밧줄을 단단히 잡고 한 걸음 한 걸음 내려오지 않는다. 오히려 밧줄을 느슨하게 잡고 중력을 이용해 툭툭 벽을 차며 미끄러지듯 내려온다. 이런 방식을 공부에도 활용할 수 있다. 여기서 어느 지점을 겨냥해 점핑하며 내려올 것인가 하는 문제는 학생의 레벨과 관련이 있다.

한번은 지인의 아들이 수학을 가르쳐 달라고 왔다. 디랙 방정식을 가르쳐 달란다. 학생들 중에 이런 어이없는 소리를 하는 아이들이 더러 있다. 하지만 그 아이는 진지했다. 디랙 방정식? 사실 나도 잘 모른다. 솔직히 말하고 돌려보냈다. 교육현장에 있다 보면 심심치 않게 이런 일이 벌어진다.

한번은 초등학교 4학년 학생과 영상수업을 했다. 나는 고

3 모의고사 문제 중 비교적 어려웠던 수열 문제(2009년 3월 나형 25번)를 함께 풀 요량으로 문제의 취지를 설명하고 있었다. 중간에 초4 수준에는 너무 어렵다 싶어 적당히 설명하고 수업을 마쳤다.

그런데 잠시 후 어머니로부터 문자가 왔다. "혹시 답이 840인가요?" 풀어보았더니 정답이었다. 다음 시간에 나는 그 학생에게 푼 과정을 알려 달라고 했다. 아이는 자기 나름의 규칙을 세워 풀었다. 기가 막혔다. 나는 점화식이나 계차수열 같은 테크닉을 알고 있었다. 그런데 그 아이는 오직 사고의 힘만으로 그것을 푼 것이다.

이런 사례는 무수히 많다. 정도의 차이는 있지만 초등 고학년 정도면 중학수학 정도는 우습게 푼다. 중1~2 최상위권이면 고2 이과 수학을 그냥 나가도 아무 문제가 없다. 오히려 좋아한다. 대부분 표정이 상기되고 진지해진다. 초등 4~5학년 아이가 무언가에 집중하는 모습은 참으로 아름답다. 그러면 나는 일부러 현란한 테크닉이 필요한 증명 문제를 풀어주곤 한다. 학생을 자극하기 위한 수단이다. 아이들은 증명한 종이를 챙겨간다. 나는 냉장고에 붙여놓으라며 덕담을 주고받는다.

이런 정도의 레벨이라면 중학수학 전부를 무시해도 좋다. 중간에 문제가 생기면 그냥 그 자리에서 설명하고 넘어가면 그만이다. 이과 수학을 나갈 정도인데 굳이 이차방정식에서 얽매일 이유가 없다. 이미 걷는 아이에게 구태여 걸음마를 가르칠 이유가 없는 것과 같다. 모든 것을 가르쳐야 한다는 강박관념을 버리고 가능한 한 쿨하게 넘어가면서 가볍게 운신해야 한다. 이것이 데이터 시대를 사는 사람의 올바른 태도다.

반면에 중상위권의 경우에는 선행을 서둘러야 한다. 학교 수학의 특징은 초중등에서는 별것 아닌 내용으로 시간을 끄는 데 비해, 고등학교에 가서는 새로운 내용인데 진도가 무척 빠르다는 점이다. 시그마, 로그, 수열 등은 사실 매우 쉬운 개념이다. 초등학생에게 가르쳐도 아무 문제가 없다. 고등학교의 관점에서도 그저 소개하는 정도다. 문제는 낯설다는 점이다. 따라서 미리미리 조금씩 해두면 나중에 큰 도움이 된다.

반대의 경우도 있다. 중3~고1 중에서 근의 공식을 제대로 사용하지 못하는 학생들이 많다. 특히 루트 안의 계산을 처리하지 못하는 경우가 많다. 이런 경우라면 옆에 앉혀두고 하나하나 일일이 계산을 잡아야 한다. 기본 연산이 튼튼하지 않은 상태에서 진도를 나가는 것은 아무런 효과가 없다. 시험을 앞두고 몸에 맞지 않는 공부를 반복해도 내실이 없다. 이런 경우라면 오히려 속도를 늦춰야 한다.

학생들은 저마다의 체급이 있다. 그런데 이것이 생각보다 넓고 깊다. 현재의 학제는 중1~고3 6년으로 구획되어 있고 그 안에서 상중하 등으로 학생들을 구분하지만 현실은 그것보다 훨씬 크다. 공부의 속도와 효율을 높이기 위한 첫 번째 공정은 학생의 레벨을 정확히 진단하는 것이다. 레벨에 대한 정확한 진단이 내려지면, 레벨 이하의 공부는 통째로 생략하거나 대폭 줄여야 한다. 레벨 이하의 공부를 하지 않는 것만으로도 공부의 속도는 비약적으로 빨라진다.

이런 경우는 예전부터 있었다. 필자의 친구들 중에도 고2~3 때 자퇴하고 검정고시를 보는 경우가 있었다. 앞에서 소개한 박형주 아주대학교 총장도 그런 경우다. 그는 고1 때 고등학교를 자퇴하고 서울대 물리학과에 입학했다. 그에게 고1~고2 수학을 공부하는 것은 아무 의미도 없었다. 심지어 서울대를 가기 위한 당시 학력고사도 그랬을 것이다. 정도의 차이는 있지만 꽤 많은 학생들에게 이런 사례를 적용할 수 있다.

어디에 수능 베이스캠프를 차릴까?

학생의 레벨이 정해지면 적당한 곳에 베이스캠프를 차려야 한다. 히말라야 정상이 우리가 목표로 하는 수능이라면 가장 먼저 해야 할 일은 산 정상에서 최대한 가까운 지점에 베이스캠프를 차리는 것이다.

우리나라는 미국과 일본 등 선진 공업국가의 기술을 모방하는 과정을 통해 발전했다. 가령 미국 트럭, 일본 승용차를 사다가 이를 분해한 후 조립하는 과정을 반복하며 자동차와 관련된 기술을 축적할 수 있었다. 이것이 가능했던 것은 목표가 뚜렷했기 때문이다. 그리고 이것이야말로 추격자가 갖는 최대 이점이다.

수능에서도 동일한 전략을 구사해야 한다. 수능 출제경향을 분석하고 이에 기초하여 수업을 역설계하면 그만이다. 하지만 수능이라는 목표가 버젓이 있는데도 그와 무관한 공부를 하는 경우가 다반사다. 이런 느슨한 태도로는 좋은 결과를 거둘 수 없다. 심지어 여기에 더해 차근차근 공부하자거나 원리와 개념을 과도하게 강조하는 것은 이런 느슨한 공부를 합리화하는 안이한 발상이다.

일단 베이스캠프가 정해지면 캠프까지는 쓸데없이 걸어 오르지 말고 다양한 수단을 동원해 가능한 한 빨리 올라야 한다. 가장 좋은 것은 헬기를 타고 오르는 것이다. 헬기가 없다면 버스를 타고 오르는 것도 좋다. 내 경우에는 학생을 업고 산 정상이 보이는 캠프까지 오르는 편이다.

캠프는 학생의 수준과 목표에 따라 다르다. 수능 2등급 이상이 필요하다면 미적분Ⅱ에서 버텨야 한다. 물론 경우에 따라 실력이 부칠 수 있다. 학생이 감당할 수 없다고 판단되면 조금 물러날 수 있지만 그 경우에도 최대한 캠프 근처에서 버텨야 한다.

또 캠프 밑에서 일어나는 다른 일에 관심을 두지 말아야 한다. 미적분Ⅱ에 캠프를 차렸다면 방정식 등에 관심을 가질 이유가 없다. 교통사고로 부상을 입었다고 하자. 심장 박동이 불규칙하고 다리가 부러졌으며 곳곳에 파열상을 입었다. 여기서 다리 부러진 것에 먼저 관심을 둘 여유는 없다. 가장 먼저

3. 문제는 공부의 속도와 효율이다

사활을 걸고 심장 박동부터 정상화시켜야 한다.

우리나라 수학교육의 치명적인 약점은 수능이 터무니없이 어려운 반면, 정규 교과는 너무 평균적인 것을 많이 가르친다는 점이다. 모든 학생은 시간이 없다. 머뭇거릴 여유가 없다. 여기서 가장 중요한 덕목은 중고등 6년을 골고루 나눠서 시간과 재원을 균등하게 배분하는 성실함이 아니라 매 순간을 역동적이고 유연하게 설계하는 기민함이다.

상위 개념을 빨리 익히자

사회는 선형적으로 발전하는 것이 아니라 계단식으로 발전한다. 그렇기 때문에 우리는 역사를 고려와 조선 등으로 구분할수 있다. 고려와 조선의 구분은 단순히 1392년을 기점으로 이쪽과 저쪽을 나누는 것이 아니라 그 시점을 기준으로 제도와 사상 그리고 사람들이 달라진다는 것이 핵심이다.

하나의 시대는 동질의 신념과 패러다임을 공유한다. 반대로 이 시대를 넘어서기 위해서는 기존 신념과 패러다임의 극복이 필요하다. 덕분에 고려를 넘어서기 위해서는 고려시대를 산 사람보다 고려시대를 모르는 사람이 더 유리하다. 기존 패러다임에서 기인하는 저항이 약하기 때문이다.

지식에도 그런 것이 있다. 단계별로 구성된 지식에서 어떤 단계 이전의 지식에 대한 속박이 강하면 새로운 것을 받아들이기 어렵다. 반면에 어떤 패러다임을 중심으로 사고하기 시작하면 자연스럽게 그것을 받아들인다.

학생들에게서 이런 모습을 쉽게 볼 수 있다. 나는 어릴 때에는 유선 전화를 사용했고 1990년대에 삐삐를 거쳐 지금의 스마트폰에 이르렀다. 덕분에 나는 여전히 스마트폰을 조작하는 데 애를 먹는다. 반면에 학생들은 스마트폰이 대중화된 시점에 어린 시절을 보냈기 때문에 원래부터 그랬던 것처럼 자연스럽게 스마트폰을 다룬다. 아이들은 스마트폰이 간직한 시대적 높이를 체현하고 있다. 수학의 경우에도 어느 지점에 학생의 시대적 높이를 맞출 것인가를 고민할 수 있다.

필자는 학력고사 세대다. 지금 수능과 학력고사는 비교 자체가 불가능하다. 그러나 정규 교과는 유사하다. 특히 중2~고2에 이르는 과정이 그렇다. 따라서 학력고사와 지금의 수능은 전혀 다른 양상을 보인다. 학력고사는 정규 교과를 따라가다 보면 그 연장선에 입시가 있었다. 그러나 수능은 정규 교과를 따라 고2 2학기에 이르면 도저히 감당할 수 없는 철벽이 기다리고 있다.

따라서 중2~고2 수학 진도를 지금의 수능 난이도와 레벨에 맞춰 상향 조정해야 한다. 그래야 아귀가 맞는다. 역시 미분을 예로 들면 다음과 같다. 중3~고1의 이차함수, 고2의 미적분 I 다항함수를 최대한 줄이고 처음부터 초월함수까지를 포함한 모든 함수를 미적분의 대상으로 놓고 공부해야 한다. 학생들이 스마트폰을 자연스럽게 사용하는 것처럼 삼각함수와 e를 당연히 쓸 수 있도록 해야 한다.

현대를 사는 모든 사람이 조선시대를 살던 거의 대부분의 사람보다 우수하다. 그것은 현 시대가 주는 무형의 지적 인프라가 조선시대를 압도하기 때문이다. 지금의 학생들은 필자의 세대보다 훨씬 유리한 지적·사회적 환경에 있다. 그들을 더 이상 낡은 교과의 틀로 구속하지 말고, 그들이 처한 시대적 높이에 맞는 고급 수학을 가르쳐야 한다.

앞에서 필자는 분수 계산과 지수로그 계산의 지적 레벨이 같다고 말했다. 분수를 이해할 수 있다면 지수로그를 이해하지 못할 하등의 이유가 없다. 그럼에도 양자 사이의 거리가 느껴지는 이유는 그것을 받아들이는 태도 때문이다. 분수소수는 사회적으로 자연스럽게 사용하고 받아들이는 반면, 지수로그는 특별한 누군가가 할 수 있는 수학이라는 고정관념 때문이다.

가능한 한 상위 개념과 패러다임에서 캠프를 차리고 그것이 주는 무형의 자산을 자연스럽게 받아들이도록 해야 한다. 이것이 내가 중학수학을 지수로그와 극한 그리고 미적분을 중심으로 재편해야 한다는 보는 이유 중 하나다.

불필요한 중복 제거하기

수학을 공부하면서 우리 모두가 경험한 일이 있다. 초등학교에서 원의 넓이를 계산할 때 3.14를 곱한다. 그러다가 중학생이 되면 π로 계산한다. 실제로도 계산해볼 수 있다. 가령 넓이를 비교할 때는 π를 3.14로 바꿔 계산해야 한다. 이 경우계산기를 사용하면 좋을 것이다. 하지만 그렇지 않다면 이것을 굳이 계산할 이유는 별로 없다. 교과서를 집필한 사람들은 3.14를 곱해 답을 구하는 것과 π로 계산하는 것 사이에 인지단계의 차이가 있어 그것을 구분해야 한다고 생각할지 모르겠다. 그러나 내 경험은 다르다. 불필요한 구분이다.

학교수학에서 지수와 확률을 가르칠 때 웃지 못할 일이 벌어진다. 정수 지수의 나눗셈에서 중학수학은 다음과 같이 세가지로 나눠 가르친다.

$$2^m \div 2^n = \begin{cases} 2^{m-n} \ (m > n) \\ 1 \ (m = n) \\ \dfrac{1}{2^{n-m}} \ (m < n) \end{cases}$$

이해가 되는가? 불필요한 갈래 때문에 오히려 혼란스럽다. 정리한다고 했지만 너무 복잡하기 때문에 위의 공식은 장식용처럼 별로 사용하지 않는다. 고등학교의 관점에서는 그냥 $\dfrac{2^m}{2^n} = 2^{m-n}$이다. 산뜻하게 떨어진다. 교과서의 지수는 지수를 자연수, 정수, 유리수로 확대하는 과정에서 나름의 단계를 설정한 것이다. 하지만 현장의 관점에서 보면 불필요한 구분이다. 때로는 불필요한 친절이 역효과를 초래한다.

확률에도 이런 것이 있다. 5명 중 반장, 부반장을 뽑는 경우의 수는 5×4이다. 고등학교 버전으로는 $_5P_2$이다. 양자 사이에 무슨 대단한 차이가 있는지 모르겠다. 전자를 조금만 확장하면 바로 후자가 나온다. 교과서는 순열과 조합을 계산하는 실질적인 과정을 모두 가르치면서 정작 그것을 표현하는 기호의 적극적 사용은 자제한다. 도대체 이런 단계를 두어 수업을 쪼개는 이유를 납득하기 어렵다.

옛날 이집트에서는 원의 넓이를 그와 유사한 정사각형으로 대체해 계산했다. 그러나 이는 원의 본질을 무시한 것이다. 원의 본질은 원의 지름과 원주 사이에 일정한 비가 있다는 사실이다. 그리고 이를 상징하는 것이 원주율 π다. 따라서 우리는 원을 서술할 때 굳이 π를 빌려 설명한다. 원 둘레는 2πr이고 원의 넓이는 πr^2이다.

수학은 대상을 일반화하고 이를 통해 세상의 본질을 규명한다. 따라서 수학의 레벨이 높아질수록 간결함을 추구한다. $E=mc^2$에서 우리가 에너지와 질량의 심오한 연관을 이해하는 것처럼 말이다. 따라서 인위적으로 구분한 불필요한 중간단계를 건너뛰는 것이 옳다.

추상적인 수학을 직관적으로 이해하기

모든 자연과학이 그렇듯 수학의 뿌리도 결국은 자연이다. 2+3은 원래 돌멩이 2개에 돌멩이 3개를 더하면 얼마인가와 같은 구체적인 현실에서 출발했다. 그러다가 지식이 깊어지면서 구체적인 현실을 이리저리 조합하여 더 높은 개념이 만들어졌다. 사자, 호랑이, 표범을 묶어 맹수라는 개념을 만들고 나무 한 그루, 돌멩이 하나, 심지어 '하루 동안 아무것도 먹지 못했다'에서 1을 도출했다.

이를 '추상화'라고 한다. 구체적인 사물에서 부차적인 것을 제거하고 필수적인 요소만을 묶어 새로운 개념을 획득하는 것이다. 이런 과정이 거듭되면서 지식과 학문이 발전한다. 추상화라는 고급한 사고 기능을 잘 보여주는 분야가 수학이다. 수학은 추상화의 화신 같은 존재다.

덕분에 수학은 고등수학으로 갈수록 구체성이 옅어진다. 중학수학을 처음 접했을 때 의아해하는 학생들이 있다. 분명 수학인데 숫자는 없고 문자를 가지고 계산을 한다. 고등수학으로 갈수록 숫자는 점점 사라지고 온갖 기호와 문자만 난무한다. 수학을 모르는 사람이 보면 이집트 상형문자를 보는 듯하다. 고2 무렵 시그마, 리미트, 인티그럴 등 낯선 기호가 등장하면서 많은 학생들이 좌절하는 이유도 여기에 있다.

교과서는 치열한 탐구와 토론을 통해 발전시킨 수학적 결론을 무미건조하게 담아놓았다. 직각삼각형은 하나의 예외도 없이 빗변의 제곱은 다른 두 변의 제곱의 합과 같다. 피타고라스의 정리다. 피타고라스의 정리와 관련한 무수한 이야기가 있지만 수학은 가능한 한 담담하게 결론만 적는다. 그러나 이것은 어디까지나 학자들의 이야기다. 교육현장에서는 극도로 추상화된 표현을 구체적이고 직관적인 설명으로 돌려놓아야 한다. 필자는 특히 직관의 중요성을 강조하고 싶다.

구체적인 예로 로그를 들어보자. 학교 수학에서는 $a^x = b$일 때 $x = \log_a b$라 정의한다고 설명한다. 무슨 소리인지 이해하겠는가? 하지만 이것이 표준적인 설명이다. 이런 설명을 듣고 알아듣는 학생은 많지 않다. 그래서인지 로그는 고등학교 때 배우는 것으로 되어 있다. 하지만 설명 방식을 조금만 바꾸면 초등학생도 쉽게 이해한다.

$\log_2 8$은 2에 몇 승을 하면 8이 되느냐는 질문이다. 다시 말해, $2^\square = 8$일 때 $\square$는 무엇이냐는 질문이다. 답은 3이다. 이런 식으로 몇 번 설명하다 보면 어느새 로그는 자신의 것이 된다. 그럼 다음 질문에 답해보기 바란다. $\log_3 9$, $\log_2 16$, $\log_5 25$는? 초등학교 5~6학년만 되어도 이런 정도는 몇 주면 끝난다. 그리고 이런 수준의 연산을 되풀이하면 로그 계산 정도는 적어도 중1 정도에 끝난다. 루트도 마찬가지다.

필자의 교육경험에 따르면 지수로그와 루트 연산은 매우 쉽다. 생각보다 연산이 단순해서 오래 걸리지도 않고 고비도 없다. 이런 식으로 수열과 시그마, 함수의 그래프 개형 등 미적분 이전의 수학 상당 부분을 중등 저학년 때 끝낼 수 있다.

3. 문제는 공부의 속도와 효율이다

실전문제를 통해 공부하는 방법

유도에서 업어치기를 가르친다고 하자. 사실 이것은 말로 되거나 시범으로 되는 것이 아니다. 설명하고 시범을 보인 후에는 반드시 실전을 해야 한다. 가장 효과적인 방법은 직접 학생과 대련하는 것이다. 나는 학생에게 업어치기를 당하면서 그의 단점을 지적할 수 있다. 반면에 학생을 업어치기하면서 그에게 교훈을 줄 수도 있다. 실전을 통한 배움은 수많은 설명과 시범을 압도한다. 어떤 경우에는 설명이나 시범을 하지 않고 바로 실전을 통해 배울 수도 있다.

입시수학에는 그런 분야가 가득하다. 고3 문과 수능을 예로 들면 거의 대부분이 그렇다. 고3 문과 수학 3등급까지는 참고서를 볼 이유가 없다. 애초에 용어 설명에 불과한 내용이기 때문에 개념서를 읽으면 더 모호해진다. 그냥 수능 기출문제를 앞에 두고 풀면서 해결하는 것이 효율적이다. 정말 원리와 개념을 알고 싶다면 인터넷 검색을 하면 된다. 교과서에 비해 1,000배 (정말이다!)는 더 친절하고 풍부하다. 교과서와 참고서 그리고 학교와 학원 수업에 많은 기대를 갖지 않는 것이 좋다.

집합을 예로 들어 더 자세히 설명해보자. 집합은 어떤 대상을 명확히 하는 데 유용한 수학적 도구다. 집합은 정의가 명확해야 한다. 가령 '멋있는 사람들의 집합'은 집합이 아니다. '멋있는'이라는 말이 애매하기 때문이다.

집합론의 창시자는 게오르크 칸토어Georg Cantor다. 현대수학의 아버지로 알려진 칸토어는 무한을 연구하기 위해 집합론을 창시했다. 사실 학교에서 가르치는 '안경 쓴 학생들의 모임' '키가 170센티미터 이상인 학생들의 모임'은 집합론이 발생한 배경과는 차이가 있다.

칸토어가 집합을 수학적 도구로 정립한 것은 무한 때문이었다. 자연수의 집합은 1, 2, 3……이다. 이때 ……으로 자연수가 계속된다고 보는 사람들이 있다. 이를 '가무한'이라고 하는데, 이런 경우라면 집합을 수학의 학문적 영역으로 정의할 수 없다. 자연수의 집합이라는 모호한 대상을 연구 대상으로 삼기 어렵기 때문이다. 칸토어는 끝도 없이 이어진 자연수가 하나의 탐구 주제임을 명확히 하기 위해 1, 2, 3……의 양편을 { }로 틀어막아 자연수를 수학적 대상으로 삼았다. 이를 통해 그는 무한의 신기원을 개척했다.

집합론을 길게 설명한 이유는 실제 수학과 학교수학의 괴리 때문이다. 실제 수학은 이와 같지만 학교수학은 기본 개념만을 소개한다. 기본 개념과 더불어 역사적 배경을 더 자세히 소개하면 좋을 듯한데, 대부분은 그냥 용어 설명 수준이다. 교집합이 어떻고, 합집합이 어떻고 하는 식이다. 그냥 그것으로 끝난다.

이럴 경우 집합을 강의할 이유가 없다. 만약 집합을 강의하려면 반드시 칸토어 이야기를 해야 한다. 그렇지 않고 '대상이 명확한 것을 집합이라고 한다' 정도의 강의를 한다면, 그것은 원리와 개념 설명이 아니라 그냥 용어 정의일 뿐이다.

이런 정도는 고3 모의고사 문제를 실제로 앞에 놓고 문제를 풀어가며 해결하는 것이 좋다. 수업의 속도가 훨씬 빨라진다. 사실 고교수학의 다수가 그렇다. 지수로그, 시그마, 연속 등 상당수가 그러하다. 나는 중2~고1 학생들과 고3 모의고사 문제를 즐겨 푸는 편이다. 고3 모의고사를 죽 훑어가며 기본 용어나 연산을 묻는 문제를 풀곤 한다. 그렇게 한꺼번에 해결하는 것이 빠르기 때문이다. 재밌는 것은 학생들 대다수가 고3 모의고사가 생각보다 쉽다는 점에 놀란다.

4부

공부의
본질을
묻다

누구를 위한 선행학습 금지인가?

선행학습금지법이라는 것이 있다. 말 그대로 선행을 해서는 안 된다는 법이다. 다시 강조하자면, 무슨 권고나 주의사항이 아니라 법률이다. 그것을 위반하면 범법이고 나름의 처벌도 받아야 한다. 사실 이런 것이 법률의 대상인지 이해하기 어렵지만 여하튼 그런 법률이 있다.

　수학교과는 매우 어중간하다. 일반 상식으로 쓰기에는 너무 많이 배우고 그것을 가지고 무언가를 하기에는 너무 조금 배운다. 학교수학은 대부분 숙련이다. 이미 대부분의 수학 문제를 풀어주는 앱이 있다. 따라서 기본 소양만 정확히 배우는 것으로 중고등 수학 전체를 끝내는 것도 좋을 것 같다. 더 배우고 싶으면 데이터 과학처럼 실제 현장에서 사용할 수 있는 수학에 특화하는 것도 좋겠다.

반면 이공계의 관점에서는 턱없이 부족하다. 필자는 여러 번 공대에 진학한 대학생들에게 개인 과외를 해준 적이 있다. 과외를 하면서 새삼 든 생각은 고교 교육이 대학 이공계 수업에 비해 턱없이 부족하다는 점이었다. 선행 금지라는 족쇄에 묶여 정작 필요한 공부를 가르치지 않고 있기 때문이다.

수학교과는 시대의 요구에 맞게 대폭 간소화하는 것이 좋다. 여기서 간소화가 필요한 집중적인 대상은 고등수학이 아니라 중학수학이다. 중학수학을 대폭 간소화한 조건에서 수학이 필요한 학생들은 더 전문적으로 가르칠 필요가 있다. 수학이 덜 필요한 학생들은 기본 소양만 적절한 수준에서 공부하고, 나머지는 실제 현장에서 사용할 실용적인 수학을 선택적으로 공부하는 것이다.

선행학습의 관점에서 보면 가장 심각한 것은 수학이 아니라 국어나 사회 과목이다. 어느 SNS에 올라온 대화 한 토막을 소개해본다. 2018년 3월 고2 모의고사 시험을 치른 후 학생과 학원 강사가 나눈 소감이다.

"어제 모의고사 치고 온 고2: 쌤, 영어에서 모르는 단어보다 국어 시험지에 모르는 단어가 더 많았어요ㅜㅜㅜ"

합성곱 신경망을 주제로 한 지문이었다. 지문을 실제로 읽어보면 좋을 것 같다. 영어 시험보다 모르는 말이 많다는 이야기가 무슨 뜻인지 알게 될 것이다. 사실 나도 잘 모르는 이야기다. 궁금해서 EBS 강사의 강의를 들었다. 강사 또한 자기도 모른다며 글의 내용은 무시하고 글의 구조만 분석한다. 글의 내용을 무시하고 단어와 단어, 단락과 단락의 관계만 문제삼는 것은 국어보다는 수학에 가깝다. 내가 보기에 외견상으로는 국어였지만 내용적으로는 수학을 가르치는 것처럼 보였다. 그만큼 수학적 사고방식이 넓고 깊게 사회에 퍼져 있다.

더 심각한 것은 사회 과목이다. 사회 과목은 무려 9과목이다. 윤리와사상, 생활과윤리, 사회와문화, 동아시아사…… 등등. 도대체 윤리와사상과 생활과윤리가 무슨 차이가 있는가? 대학에서도 둘은 그냥 철학이다. 그럼에도 애써 과목을 구분해놓았다. 9과목 전부를 사회로 통합해도 아무 지장이 없다. 과목을 세분해놓았으니 가르칠 내용을 인위적으로 만들어야한다. 40년 전 필자가 초등학생일 때 실과라는 과목이 있었다. 지금으로 치면 기술가정이다. 나는 당시 호주에 있는 토끼종을 외웠다. 정도의 차이는 있지만 지금의 사회 과목이 이와 유사하다.

학교와 교과는 터무니없이 낡았다. 시대의 추세에 맞게 변해야 하는데 그러지 못하는 과도적 상황에서 기이한 내용과 구조가 온존해 있는 것이다. 여기에는 나름의 이해관계도 작용한다. 사회 과목이 9과목일 정도로 분화된 이유는 사회 과목의 교수·교사들의 이권 때문이다. 넓게 보면 국어도 다르지 않다.

법을 위반하는 자는 진정 누구인가?

그렇다면 사람들은 선행학습금지법을 실제로 지키고 있을까? 그리고 이 법을 어길 경우 처벌할 의지와 각오가 되어 있을까?

가장 코미디 같은 것은 수능을 출제하는 평가원이 선행을 부추기는 주범이라는 점이다. 수능 수학의 난이도는 상식을 초월한다. 선행을 하지 않고는 수능을 볼 수 없다. 고득점을 받으려면 압도적인 선행을 해야 한다. 최상위권 중에서도 최상위권이라면 가능하다. 학생이 수학 천재에 가깝다면 선행을 할 이유가 없다. 그런 학생이라면 시험장에 가서 듣도 보도 못한 문제를 풀 수 있다. 그런 수준이라면 수능을 볼 이유도 없다. 그냥 중고등 학년 적당한 때에 바로 대학에 진학하면 된다.

선행학습금지법에 따르면 평가원은 처벌 대상이다. 사실 누구나 알고 있다. 그럼에도 그냥 모른 척하는 것뿐이다.

평가원만 그런 것이 아니다. 사회 전체가 선행으로 얼룩져 있다. 필자가 재밌게 본 책 중의 하나가《수학자가 들려주는 수학이야기》시리즈다. 만화라 어린이 코너에 있지만 내용은 만만치 않다. 지수로그, 수열 등은 물론 복소함수론이나 위상 수학도 나온다. 노골적이고 압도적인 선행이다. 그런데 이 책은 '교과부 추천 도서'다. 교과부도 처벌 대상이다.

또 다른 선행은 EBS의 다큐멘터리다. 필자는 〈문명과 수학〉 〈넘버스〉 〈빛의 물리학〉 같은 다큐를 즐겨 본다. 그런데 이 중에 선행이 아닌 것이 뭐가 있을까 싶다. 애초에 선행이 아니면 현대 사회에 걸맞은 의미 있는 콘텐츠를 만들어낼 수 없다.

문제는 교과를 뛰어넘는 과도한 선행이 아니라 시대에 뒤떨어진 교과서의 후행이다. 교과서는 아직도 철사를 사다 울타리를 치거나 소금물 농도를 계산하는 문제로 가득하다. 이런 내용은 교양도서나 다큐에서는 더 이상 다루지 않는다. 다루어야 할 이유도 없고 흥미를 끌지도 못하기 때문이다.

교사들의 수준도 유사하다. 필자가 중고등학교에 다닐 때 교사는 내가 접하는 어른 중 가장 많이 아는 사람이었다. 그러나 지금 교사의 수준은 같은 나이대 사람들에 비해 평범한 수준이다. 오히려 교사들이 다루는 지식이 대체로 교양과 고전 중심으로 이루어져 있기 때문에 특별한 노력을 하지 않으면 시대의 속도를 따라갈 수 없다.

이미 시대와 사회 전체가 학교와 교과를 넘어서 있다. 사회를 학교에 맞출 것이 아니라 학교와 교과가 사회에 맞게 변화해야 한다. 지금 필요한 것은 선행학습 금지가 아니라 시대에 뒤떨어진 교육을 사회발전 속도에 맞게 개편하는 일이다.

선행이냐 심화냐

선행보다 심화가 필요하다는 이상한 흐름이 있다. 필자는 선행이 무조건 옳다고 생각한다.

동전 37개가 있다고 하자. 이것을 셀 때 셈을 할 줄 아는 사람이라면 '하나, 둘, 셋……' 하고 마음속으로 센다. 이 작업을 너무 쉽게 생각하지 말기 바란다. 마음속으로 숫자를 세는 것은 쉬운 작업이 아니다. 눈앞에 보이는 나무 한 그루와 '하루 동안 굶었다'에서 공통적인 1을 분리하고 여기에 손가락의 힘을 빌려 십진법을 정립한 뒤 이를 마음속으로 세기까지 수천 년 이상이 걸렸다.

곱하기를 배운 사람이라면 당연히 다른 방식으로 센다. 37개 동전을 10개씩 묶은 후 묶음 3개와 나머지 7개의 동전으로 계산을 한다. 지금은 누구나 그렇게 하지만 인류 역사의 관점에서 보면 매우 뒤늦은 일이다. 무엇보다 거듭해서 더하는 것을 곱셈으로 정의하여 거기에 특별한 의미를 부여했기 때문이다. 인류는 구구단을 통해 거듭해서 더하는 것을 곱하기로 바꾸어 셈하도록 함으로써 대중적인 차원에서 수학 레벨을 획기적으로 끌어올렸다.

다시 동전 더미를 보자. 10개씩 세 꾸러미가 있고 낱개로 7개의 동전이 더 있다. 당신이 곱셈을 모른다면 그것은 그냥 37개의 동전으로 보인다. 그것이 묶음으로 되어 있더라도 말이다. 반면에 당신이 곱셈을 알고 있다면 동전은 달리 보인다. 동전이 설사 흩어져 있더라도 당신은 동전을 묶어 세려고 할 것이다. 결국 인간은 무엇을 알고 있느냐에 따라 세상이 달리 보이는 것이다.

지식은 선형적으로 발전하지 않는다. 지식은 지루하고 고단한 반복을 거쳐 어느 순간 비약적으로 발전한다. 수학은 그런 특징이 가장 두드러진 분야다. 시대의 높이는 결정적이고 근본적이다. 중세시대의 군대 1만 명, 아니 10만 명이 있어도 아파치 헬기 한 대면 충분하다. 따라서 수학에서 필요한 것은 한시라도 빨리 더 고급 개념, 더 상위의 개념을 받아들이는 것이다. 그것이 수학의 본질이고 공부의 정도正道다.

초등 사고력 문제, 중학수학에서 닮음 문제, 수능 킬러 문제를 보면 황당할 때가 있다. 그런 문제를 풀 정도면 그냥 상위 수학을 하면 된다. 수능 킬러 문제를 자기 힘으로 맞힐 정도면 대학수학을 해도 아무 지장이 없다. 옛날 같으면 고1 정도에 그냥 자퇴를 하고 대학에 가는 것이 옳다.

이것은 공부의 본성과 관련된 중요한 문제다. 공부는 가능한 한 고급 지식을 더 빨리 가르치는 것이 본질이다. 선행보다 심화하자는 주장은 쓸데없는 지체를 미화하는 기이한 주장이다.

선행과 시대의 높이

사실 공부의 본질이 선행이다. 역사적으로 보면 공부는 인재를 기르는 것이다. 여기서 인재는 나라를 책임질 동량을 말하는 것이지 평범한 대중 모두를 말하는 것은 아니다. 보통교육이 시작되고 국민 전체의 지적·문화적 수준이 중요한 현재에도 특별한 누군가를 대상으로 한 엘리트 교육이 중요하다.

내용 또한 유사하다. 무엇인가를 가르친다는 행위는 해당 사회의 평균적 수준이나 상식을 뛰어넘는 것을 가르친다는 의미다. 교육은 본질적으로 시야를 미래에 두고 있는 분야다. 기회가 닿으면 중고등학교 과학책을 들춰보면 좋겠다. 상대성이론이나 양자역학이 아무렇지 않게 나온다. 지금 중고등학생이 배우는 과학 수준은 필자가 학교에 다니던 1970년대와는 차원이 다르다.

교육의 본질이 선행인 결정적인 이유는 현 시대의 추세가 그러하기 때문이다. 전통 시대라면 지식은 앞선 세대로부터 나중 세대로 흐른다. 아버지는 장남을 논에 데리고 나가 물을 댈 때가 언제인가를 가르치고, 어부는 몸소 바닷물 속으로 뛰어들며 자식을 가르친다. 그러나 지금은 시대가 다르다. 아버지나 아들이나 시대의 관점에서 보면 같은 세대다.

우리 모두는 10년 후 우리가 어떤 세계에 있을지 알 수 없다. 아버지 세대나 아들 세대나 10년 후의 세상이 낯설기는 마찬가지일 것이다. 오히려 다양한 시대를 거쳐온 아버지 세대의 경험이 새로운 시대에 적응하는 데 장애가 될 수 있다.

학교나 학원에서 교사들이 학생들을 가르치는 장면을 보면 숨이 막힌다. 시대의 발전 속도에 비해 너무 느리고 너무 고전적인 지식을 애써 가르치고 애써 배우며 그걸 가지고 시험도 본다. 앨빈 토플러의 말처럼, 사용하지도 못할 지식을 배우는 데 너무 많은 시간을 투여한다.

학생도 문제지만 교사 또한 희생양이다. 고전적인 지식으로 치장된 교과를 가르치느라 교사 자신도 시대에 뒤쳐지고 있기 때문이다. 시대의 속도의 관점에서 보면 우리 모두 학생이다. 기본 소양이 되는 부분은 대폭 간소화하고 시대의 발전 속도에 맞는 주제와 내용을 가지고 교사와 학생이 함께 배우는 것이 옳다.

따라서 교과 내용은 가능한 한 높은 데 두어야 한다. 그리고 이 높이를 향해 교사와 학생이 함께 발전하는 것이 교육이다. 교육은 본질적으로 선행이다. 지금과 같은 최첨단 속도의 시대라면 선행은 필수이며, 그것도 초고속 선행을 해야 한다.

공교육 정상화를 위하여

필자는 EBS의 교육 관련 다큐멘터리를 자주 보는 편이다. 선행이나 플립러닝 등 다양한 현안들에 관한 다큐다. 다큐를 보면서 갖게 되는 근본적인 의문은 진행자가 마치 이 세상에 학교밖에 없는 것처럼 묘사하고 대안을 구한다는 점이다. 도대체 현재 상황에서 사교육을 무시하고 교육을 논할 수 있을까?

사교육이 아니라도 좋다. 필자의 경험에서 보면 결정적인 영향을 미치는 요소는 부모의 학력이다. 전문직 부모를 둔 자녀들은 확실히 공부를 잘한다. 어려서부터 체험의 정도가 다르고 부모가 사용하는 언어부터 다르다. 이런 요인을 무시하고 학교만 잘 다닌다고 문제가 해결될까.

선행학습 금지라는 발상의 기저에 이런 문제가 있다고 본다. 사교육에서 선행이 진행되고 있다면 그에 맞게 대응해야 한다. 이를테면 사교육보다 더 질 높은 수업을 위해 노력하든 가, 아니면 선행을 전제로 하고 그에 맞춰 대안적 수업을 구성할 수 있다.

나는 수업을 할 때 학생들이 학교와 학원에서 동일한 강의를 들었다는 것을 염두에 둔다. 거기에 맞춰 중복 수업을 피하고 학생들의 부족한 점을 메꾸려고 노력한다. 사교육의 본래 이름인 '보충 교육'에 충실하려고 노력하는 편이다.

교사들도 그래야 한다. 학교 현장은 사회와의 긴밀한 관련 속에서 끊임없이 자기의 위치를 점검하고 무엇을 할 수 있고 무엇을 할 수 없는가를 진단하고 그에 맞춰 탄력적이고 유연하게 방향을 조정해야 한다. 어느 때부터인가 공교육 정상화론이 과도하게 비대해지면서 기형적으로 변질되기 시작했다.

시작은 학생들의 편차가 무시할 수 없을 정도로 확대되면서부터다. 학생들의 수준이 다르면 수업을 하기가 어렵다. 수업하기 어렵다면 그에 맞게 대안을 구해야 한다. 우열반을 구성하는 것도 좋고, 토론식 수업을 배치하는 것도 좋을 것이다. 어쨌든 문제를 해결하는 기초 위에서 적극적으로 대책을 강구해야 한다.

그런데 여러 요인이 맞물리면서 희한한 해결책을 도모하기 시작했다. 교실 안의 균질성이 파괴되니 균질성이 파괴되는

외부 요인을 법으로 금지하자는 생각이다. 사실 법으로 될 일이 있고 될 수 없는 일이 있다. 선행 금지는 애초에 법률로 해결할 수 없는 일이다. 심각한 것은 그런 생각의 기저에 깔려 있는 발상과 태도다.

다시 EBS 다큐멘터리로 돌아가자. 다큐에서는 다양한 교사와 수업이 소개된다. 교사나 학생은 하나같이 교육을 위해 애쓰고 노력하는 사람들이다. 과연 그럴까? 학생들 모두가 수학을 싫어할 것으로 보는 것도 편견이지만, 학생 모두가 애를 썼는데 어쩔 수 없이 수포자가 되는 것도 아니다. 학생들은 생각보다 권력 게임과 자기 합리화에 능하다. 교사들은 더욱 그렇다. 시장 규율이 상대적으로 덜 작동하기 때문에 사교육에 비해 사회적 압력이 현저히 작은 편이다. 반면 사교육 강사들이 등장할 때면 얼굴이 가려지고 음성이 변조되어 마치 범죄자처럼 등장한다. 이 상황이 현실과 부합하는가? EBS 다큐의 세계는 현실에 존재하지 않는 그들만의 가상의 공간인 것이다.

근본적인 문제는 그렇게 세상을 보려고 했던 사람들이 교과와 수업을 자기 구미에 맞게 개조하려 시도한다는 것이다. 그들은 교과 부담을 자꾸 경감하자고 주장한다. 그리고 강의식 수업보다는 수행과 활동을 중시하며 프로젝트 수업을 강조한다. 필자는 이런 경향을 우호적으로 보는 편이다. 그런데 그 기저에 흐르는 동기에는, 시대에 맞게 교과와 수업방향을 개편하려는 적극적인 의지보다는 교실 밖의 선행을 억제하여, 심지어 법률로 단죄하여 교실 안을 정상화하려는 편의적인 생각이 자리하고 있다고 생각한다.

공부의 본질

선행학습을 금지하고 사교육을 억제하겠다는 생각의 기저에
는 평준화와 안정을 중시하는 교육관이 담겨 있다. 이 흐름을
대표하는 것이 전교조다.

박정희 시대에 우리는 기술과 성장, 발전을 중시했다. 이 과
정에서 많은 사회적 모순과 갈등이 누적되었다. 그것의 대안
으로 어떤 사람들은 평등과 분배, 인간다움과 공동체를 중시
하는 일련의 주장을 발전시켰다.

전교조는 1989년 결성 당시 전인교육을 강조하며 대중의 큰
지지를 받았다. 아이들의 담임이 전교조 교사라면 아이들을 차
별하지 않고 함부로 대하지 않을 것이라는 믿음이 있었다. 이
믿음이 전교조를 지킨 힘이다. 그러나 교육은 본질적으로 평등
과는 거리가 먼 분야다. 따라서 전교조의 교육관은 참고할 만

한 가치가 있지만 교육의 본질과는 거리가 먼 생각이다.

이런 흐름을 극적으로 보여주는 사례가 구성주의, 플립러 닝, 수행과 평가를 중시하는 일련의 교육방법이다. 구성주의 란 다양한 사람들이 힘을 합쳐 함께 노력하면 지식이 구성될 수 있다고 본다. 가령 마을에 어떤 문제가 발생했을 때 여러 사람이 힘을 합쳐 난관을 극복하는 장면을 연상할 수 있다. 플립러닝은 '거꾸로학습'이라고 부르기도 한다. 교사가 일방 적으로 강의하지 않고 미리 강의안을 보게 한 후 수업 시간에 는 토론 중심으로 수업을 이끌어 가는 것이다. 수행과 과정을 중시하는 일련의 경향도 유사하다.

이들 모두를 관통하는 키워드는 협력과 공동체이고 내용보 다는 방법에 방점이 있다. 박정희의 성장 중시는 필연적으로 불평등과 사회적 갈등을 유발하는 경향이 있었는데 그런 모 순과 폐해에 대한 대안 담론이라 할 수 있다.

협력과 공동체가 필요한 영역이 있다. 사회나 체육 과목 등 이 그러하다. 그러나 수학과 과학은 차원이 다른 영역이다. 필 자는 바둑 5급이다. 바둑 10급 10명이 힘을 합쳐도 내가 이긴 다. 무조건 이긴다. 반대로 나와 같은 바둑 5급 100명이 힘을 합쳐도 바둑 1급을 이길 수 없다.

수학은 비범한 천재들과 그들의 탁월한 사색과 통찰의 기록이다. 이것을 학생들이 토론하고 협력하고 체험한다고 해서 알 수 있는 것이 아니다. 이것은 그냥 누군가로부터 배워야 한다. 체험과 토론을 통해서 무엇을 안다고 해도 그 지식은 배울 가치가 적은 지식이다.

교육에 대한 기본 관점이 틀렸기 때문에 교사의 역할과 수업 내용이 점점 약화되고 있다. 우리가 해야 할 일은 세상은 넓고 가치 있는 지식이 많으며 이를 위해 밤새워 공부해야 한다는 메시지를 던지는 것이다. 그러나 위의 교육관은 끊임없이 공부가 아니라도 더 나은 대안이 있고 공부에 너무 매달리지 않아도 된다고 주장한다.

공부는, 특히 수학은 지식에 대한 열정과 황홀한 체험이 없으면 발전하지 않는다. 학생이 진정으로 성장할 때가 바로 이 지점이다. 이는 고만고만한 수학을 할 때는 느낄 수 없는 세계다. 모든 것이 그렇지 않은가? 말없이 산을 오르는 사람이 그저 건강만을 위해 산을 오르는 것이 아니지 않은가? 처음에는 그렇게 시작했다고 하더라도 매주 산을 찾는 궁극적인 동력은 말로 할 수 없는 성취감 때문이다.

교사가 학생을 인간적으로 대하는 것은 꼭 필요한 일이다. 그리고 교육과정에서 발생하는 사회적 갈등과 모순을 해결하는 것도 중요하다. 그러나 교육의 본질은 지식이고 교사와 학생, 학교의 본질도 그러하다. 교사와 학생은 지식을 매개로 만나야 가장 건강하고 아름답다.

아빠와 함께 분수 공부를!

필자는 철저한 개인 맞춤형 학습을 지향한다. 학생마다 가능한 한 수업을 다르게 하려 노력한다. 학생 한 명 한 명을 떠올리며 문제를 손으로 써서 주는 것도 그런 노력의 일환이다. 학생들은 정말 저마다 많이 다르다. 그리고 그만큼 다른 해법과 대책이 필요하다. 필자는 적절한 때에 이에 대한 책을 쓰고자 하는 바람을 갖고 있다. 여기서는 그동안 내가 가르쳐온 학생들 중 몇 가지 특징적인 사례와 함께 공부방법에 대한 조언을 소개해보겠다.

초등학교 6학년 혜원이가 있다. 혜원이는 밝고 명랑한 아이다. 언어와 국어에서 남다른 재능을 갖고 있었다. 문제는 수학이었다. 6학년임에도 구구단이 바로 나오지 않았다.

수포자는 내 전공 분야다. 수포자는 다음의 세 가지 유형으로 구분할 수 있다. 첫째는 수 인지장애와 같은 기질적인 요인, 둘째는 공부량이 부족해 연산이 바로 잡히지 않은 경우, 셋째는 어렸을 때 필요한 적절한 연산 훈련이 부족해 연산을 제대로 하지 못하는 경우다.

혜원이는 세 번째에 해당했다. 나는 주 1회 30분 혜원이와 영상수업을 했다. 나는 $\frac{1}{2}+\frac{1}{3}$ 정도의 연산을 반복해서 잡았다. 잘 푼다 싶으면 과장해서 칭찬을 하곤 했다. 연산 훈련이 더 필요하다고 판단하여 부모를 설득해 집에서 보충해줄 것을 요청했다. 교사와 부모의 노력이 결합되면서 혜원이의 연산 실력은 빠르게 잡히기 시작했다. 어려운 고비를 잘 넘긴 경우에 해당한다.

인간의 행동은 대부분 기계화되어 있다. 우리는 내일 심장이 제대로 뛰지 않을까 걱정하지 않고, 지하철까지 가는 길에 다리가 제대로 작동하지 않을까 신경 쓰지 않는다. 그것들 대부분이 자동화되어 있기 때문이다. 수학에도 그런 것이 있다. 그냥 감각적으로 나와야 하는 것이 있다. 구구단이나 분수 연산이 그런 경우다. 이것은 수학적 감각의 문제가 아니라 수학에 필요한 시냅스 연결이 제대로 되어 있는가와 관련된 더 근본적인 문제다. 따라서 초등 저학년 때 잡아야 한다.

어려서 우리는 아버지 손에 매달려 운율을 붙여가며 구구단을 외웠다. 일요일 한가한 오후 아버지와 함께 외우던 구구단은 즐거운 추억으로 남아 있다. 자녀가 초4~중1이라면 시간을 내서 함께 연산 훈련을 해보는 게 어떨까 싶다. 교과에 깊이 얽매일 필요가 없다. $\frac{1}{2} + \frac{1}{3}$ 정도의 계산이 감각적으로 나올 수 있으면 충분하다. 여기서 중요한 것은 그것을 아는 것이 아니라 그런 계산이 감각적으로 나올 수 있도록 우리 신경계를 훈련하는 것이다. 조금 더 발전한다면 응용문제 대신 $\sqrt{4}$, $\log_2 4$ 등을 해볼 것을 권한다.

사실 이 시기가 지나면 부모가 아이들을 가르치기 어렵다. 수학 레벨이 올라갈 뿐만 아니라 독특한 교습 기법이 필요하기 때문이다. 많은 시간이 필요한 것은 아니다. 퇴근 후 5~10분이면 충분하다.

중학교 때 최대한 파이를 키우자

3년 전 쯤 중1 현석이와 수업을 하게 되었다. 워낙 머리가 좋아 중1 수학을 한다는 것이 마땅치 않았다. 반면 현석이는 수학에 특별한 호기심을 갖고 있지 않았다. 나는 틈을 보다 일부러 어려운 증명을 해보였다.

고1 교과에 나오는 아래 식을 유도해 보았다. 무심하게 보던 현석이는 점차 호기심을 보이며 반응하기 시작했다. 수업을 마칠 때 즈음 현석이는 내가 유도한 종이를 가져가겠다며 웃어 보였다. 나는 냉장고에 붙여놓으라는 덕담을 주고받으며 즐겁게 헤어졌다.

$$a^3 + b^3 + c^3 - 3abc = (a+b+c)(a^2+b^2+c^2-ab-bc-ca)$$

얼마 전에는 중2 재원이와 수업을 했다. 나는 일부러 고3 모의고사 중 어려운 문제를 풀어 보였다. 재원이는 군침을 삼키며 지켜보고 있었다. 정말이다. 나는 지금도 재원이의 표정을 그렇게 묘사하는 것이 가장 정확하다고 생각한다.

특별히 기억나는 학생은 중1 현주다. 현주는 유창한 영어 실력을 구사하고 문학적 소양도 깊었다. 반면 수학에 대한 관심은 적어 보였다. 어머니는 수학을 포기한 것이 아닐까라는 걱정을 하고 있었다. 현주의 상태를 고려하여 느슨하게 수업을 진행하다가 아예 수준을 높여버렸다. 뜻밖에 현주는 유클리드 공리 중에서 '점의 정의'나 원의 넓이를 구하는 과정에서 0과 무한의 의미에 대해 관심을 보였다. 막상 중1 학생이 철학적 주제에 관심을 보이자 나도 당황했던 것 같다. 대충 얼버무리며 수업을 마쳤다.

초등 고학년에서 중등 저학년까지 학교와 학생 사이에 간극이 있다. 전반적으로 학교수학 수준이 낮고 적절한 지적 자극을 제공하지 않는다. 반면에 학생들은 이미 어려서부터 상당한 소양을 갖고 있다. 동네 도서관에만 가도 최첨단 서적들이 그야말로 산처럼 쌓여 있다. 따라서 학교 진도를 기계적으로 따라가는 것은 기본적으로 학생들 수준을 하향 평준화시키는 것이다. 너무 거기에 얽매이지 말고 더 고급 지식을 쌓을 수 있는 기회를 마련해주어야 한다. 초등 고학년에서 중등 2학년까지는 최대한 수학적 관심의 파이를 키우는 데 집중하는 것이 좋다. 학생이 수학에 관심이 있다고 판단되면 그냥 대학수학까지 진도를 나가는 것도 좋다. 수학은 재미가 공부를 끌고 가는 특별한 학문이다.

내신과 선행을 조화시키는 공부법

중2 지원이가 있다. 나는 지인이 운영하는 학원에 주 1회 출강을 하고 있었다. 그 학원에서는 가능성 있는 학생들을 선발하여 특별 수업을 열곤 했다. 내신은 학원에서 다른 선생님이 맡고 나는 학생들의 수준에 맞게 선행을 나갔다. 지원이는 그런 소문을 듣고 일부러 찾아왔다.

지원이는 악착스럽게 공부하는 유형은 아니다. 학원에 오면 스마트폰을 보거나 적절히 시간을 보내다 내게 사인을 보낸다. 대기하고 있던 나는 학생의 상태를 봐가며 고등학교 진도를 빼곤 한다. 오늘은 이항정리, 내일은 삼차방정식 하는 식이다. 정해진 수업시간도 없다. 그냥 학생이 스톱 하면 그것으로 끝이다. 다행히 지원이는 적절한 선을 잘 지켰다. 30분 정도는 공부를 하고 가곤 했다.

고등수학의 대부분은 분수 계산과 동일하다. $\frac{1}{2} + \frac{1}{3} = \frac{5}{6}$ 정도의 분수 계산을 할 수 있다면 미적분 정도를 제외한 나머지 모든 고등수학을 무리 없이 섭렵할 수 있다. 나는 지원이와 지수로그, 시그마, 리미트, 인티그럴 등 고등수학에 필요한 기본 스킬과 약간의 응용문제를 다뤘다. 지원이가 컨디션이 좋으면 증명 문제 중 재밌는 것을 다루곤 했다. 나는 칠판 가득히 증명을 하고 지원이는 내 옆에 서서 유심히 그것을 들여다보곤 했다. 사진을 남겨두면 좋았을 예쁜 장면이었다. 그렇게 주 1회 30분 정도 수업으로 고등수학 거의 대부분을 섭렵했다.

고등수학이라고 해봐야 대부분 기본 용어 설명과 간단한 확인이다. 문제가 되는 것은 그것을 이중삼중으로 꼬아놓은 경우인데, 이것은 중2 때 해봐야 남는 게 없다. 대표적인 것이 내신과 수능이다. 변별력을 위해 인위적으로 꼬아놓은 이런 문제들을 중2 때 이중삼중으로 푸는 것은 비효율적인 뿐만 아니라 역효과를 낼 수 있다. 따라서 중2~3 무렵 필요한 것은 지엽적인 유형문제를 세밀하게 잡는 것이 아니라 기본 개념과 용어를 반복해서 훈련하는 것이다. 이런 정도면 고등수학 전체를 빠른 시간 내에 개괄할 수 있다.

지원이가 특별한 사례는 아니다. 대부분의 학생에게 적용

가능하다. 중2 때 지리산 정상(고3 수학)을 오를 수 있다. 중간에 샛길로 새지 말고 지리산을 오르는 주요 길목만 지속적으로 잡아야 한다. 중간에 난관이 생기면 돌아가면 된다. 이때 교사는 무리해서 그것을 돌파하는 것이 아니라 가볍게 우회하거나 학생을 업고 넘어서면 된다. 중요한 것은 지리산에 이르는 길을 정확히 안내하여 전체적인 시야를 갖게 하는 것이다.

이과 수학이 급하다

고1 강연이가 있다. 강연이는 중2~중3 때 거의 공부를 하지 않았다. 고1 수학이 제대로 되어 있지 않을 뿐 아니라 선행도 거의 되어 있지 않았다. 하지만 수학에 재능이 있는 것 같았다. 한편 국어나 영어 등 다른 과목에서는 기대할 것이 없어 보였다. 이런 경우는 수학 수준을 높여 수학이 전체 형세를 리드하는 양상이 되면 좋을 듯했다.

나는 강연이와 주 1회 30분에서 1시간씩 영상수업을 했다. 목표는 미적분Ⅱ. 학생들 대부분은 고등학교에 들어가면 공부를 해야겠다고 마음먹는다. 나름 열심히 하지만 좋은 성적을 얻기 어렵다. 그러다가 고2에 들어서면 갑자기 거대한 산을 만난다. 미적분Ⅱ에 이르면 모르는 기호가 등장하고 외워야 할 공식이 가득하다. 학생들 상당수는 고1 때 오버한 뒤 가장 중요한 미적분Ⅱ에 이르면 페이스를 잃곤 한다.

나는 주 1회 정해진 시간에 강연이에게 전화를 한다(영상강의를 위해서다. 강연이는 경상도에 산다). 졸음에 겨운 강연이는 내 호출에 따라 당장은 쓸모가 없을 것 같은 수학 공부를 시작한다. 나는 $y = xe^x$라는 함수식을 두고 한 점 한 점 찍어볼 것을 권한다. 반복해서 $\ln e$, $\ln 1$이 얼마인가를 묻는다. 그렇게 마치 구구단처럼 몸에 익어야 한다. 경험에 따르면 $\sin \frac{2}{3}\pi$와 $\ln \frac{1}{e}$를 알고 미적분Ⅱ와 대면하는 학생과 그렇지 않는 학생과의 차이는 매우 크다.

23×37이 있다고 하자. 이런 정도는 초등학생이면 간단히 계산한다. $\frac{1}{2} + \frac{1}{3}$도 마찬가지다. 그런데 이를 위해서는 먼저 0을 포함한 인도-아라비아 수 체계가 있어야 했다. 0이 만들어진 것은 6~7세기 인도이고 인도-아라비아 숫자가 유럽에 상륙한 것은 12~13세기다. 이전에는 23을 한문으로는 二十三, 로마자로는 XXⅢ으로 썼다. 23×37을 계산하기 위해서는 이를 계산하는 적절한 연산법 즉 알고리즘이 있어야 한다. 23×37을 계산하기까지 수학자들의 엄청난 노력이 있었다는 말이다. 우리가 지금 그 계산을 쉽게 하는 이유는 수학자들의 그러한 노력을 사회 전체가 받아들였기 때문이다. 즉 23×37을 우리가 쉽게 하는 이유는 그것을 이해했다기보다

는 그것에 익숙해졌기 때문이다

동일한 맥락에서 e나 삼각함수에 대해서도 말할 수 있다. 17세기 뉴턴이 미분을 발견하면서 자연을 수학화하려는 노력이 본격화되었고 이 과정에서 e나 삼각함수 등이 체계화되었다. 따라서 일단 중요한 것은 그것에 익숙해지는 것이다. 하루라도 빨리 그것을 많이 접해야 한다.

매주 일요일 11시 나는 강연이에게 전화를 하고 강연이는 흐느적거리는 말투로 전화를 받는다. 나는 여러 방향에서 e에 대해 설명한다. 어떤 때는 높은 빌딩에서 돌을 떨어뜨리는 장면이 등장하고, 또 다른 때는 대장균의 번식을 예로 든다. 목표는 익숙함이다. 강연이가 $\ln e = 1$이라는 사실에 자동적으로 반응하는 것이 목표이기 때문이다.

이과에 진학할 예정이라면 시간이 없다. 학교수학은 미적분 Ⅱ에서 거대한 봉우리를 이룬다. 미적분 Ⅱ는 고만고만한 산 주변에 우뚝 서 있다. 고1이 되었을 때 고1 수학에 전념하면 고2 2학기가 되었을 때 거의 대책이 없다. 고1 중간중간 시간을 내어 미래를 위한 적절한 투자를 해야 한다.

고1이라도 아직 늦지 않다

고1 태원이가 있다. 태원이는 엄마 손에 이끌려 학원을 찾았다. 어머니는 내 책 《수포자 탈출 실전보고서》를 읽고 공감을 했다고 말했다. 한눈에도 공부할 마음이 없어 보였다. 학원에 대한 거부감도 커 보였다. 나는 이런 학생들을 정말 많이 만났다.

나는 주 1회 1시간 영상으로 태원이와 수업을 했다. 나는 태원이의 요구를 대부분 응해주었다. 친구 때문에 수업을 하기 어렵다고 하면 그날 수업을 빼주었다. 시간을 연기하고 싶어하면 그렇게 해주었다. 태원이와 비슷한 학생들 대부분은 부모와 학원에 대해 깊은 불신을 갖고 있다. 대부분의 학원은 학생의 의사와 무관하게 부모와 학원의 판단에 따라 결정되고, 본인은 억지로 끌려갈 수밖에 없다고 생각한다. 일단 나는 학생과의 신뢰관계가 필요했다.

다행히 태원이는 문과를 지망했다. 나는 고2 후반부터 고3이 되었을 때를 염두에 두고 포석을 깐다. 이차방정식을 안정적으로 풀 수 있는가, 일차함수를 제대로 그릴 수 있는가가 포인트다. 태원이가 1~2년 후 무언가를 해보려 했을 때 바탕이 되는 공부가 필요하기 때문이다.

사실 우리나라 대부분의 학생들이 태원이와 같다. 대부분 학생들의 심리상태와 학교·학원 시스템 사이에 일정한 괴리가 있다. 학교와 시험 시스템은 중3~고1 정도가 되면 본격적으로 작동하는데, 학생들은 고2 후반 무렵이 되어서야 공부를 하겠다는 마음을 먹는다.

나는 이런 학생들과 많은 시간을 보냈다. 대체로 잘 되지 않는다. 해결해야 할 문제들이 너무 많다. 이미 초등 고학년에서 고1 무렵까지 어떤 형태로든 걸러지기 때문이다. 심지어 학교도 여러 이름을 붙여 상위권 학생들을 중심으로 관리하고 다수의 중하위권 학생들은 사실상 방치한다. 이들 대부분이 별다른 전략도, 목적도 없이 습관적으로 학원을 다니는 양상이다.

그럼에도 극적인 사례는 있다. 앞에서 언급한 특성화고에 다니던 형준이의 사례가 그렇다. 중요한 것은 명료한 목표와 효과적인 공부법이다. 제한된 시간에 목표에만 정확히 역량을 투자해야 한다. 무턱대고 열심히 공부하자는 조언으로는 부족하다. 그것을 뛰어넘어 학생의 상태를 정확히 파악한 적절한 해법이 필요하다.

2등급에서 1등급으로 올라가는 비결

고3 형은이가 있다. 형은이는 모의고사에서 문과 88점으로 2등급을 받았다. 원하는 대학에 진학하기 위해서는 안정적인 1등급이 필요했다. 앞에서 말했지만 이과 수능 3등급, 문과 2등급까지는 공부량으로 해결된다. 내 경험에 따르면 여기까지는 십념과 공부량이 가장 중요한 요인이 아닐까 싶다.

그런데 그 안쪽으로 들어가려면 다소 특별한 대책이 필요하다. 수능의 등급을 결정하는 킬러와 준킬러 문제들은 대부분 여러 과정을 복잡하게 거치거나 상위 개념을 필요로 한다. 이 중 특히 중요한 것이 상위 개념이다.

우리는 무엇을 보느냐에 따라 세상을 다르게 본다. 곱하기를 알고 있으면 땅 위에 떨어진 돌멩이들이 어느 순간 몇 개씩 묶여 보인다. 반면 곱하기를 모르면 대책 없이 세야 한다.

우리가 23×45를 쉽게 계산하는 이유는 사회 전체가 그런 수준으로 평준화되었기 때문이지 그것의 원리를 잘 알고 있기 때문이 아니다.

학원을 다니지 않는 형은이에게 필요했던 것은 선생님들이 갖고 있는 세상을 보는 다른 시각이었다. 나는 기회가 닿을 때마다 그런 문제들을 모아주곤 했다. 한번은 삼차함수의 변곡점과 관련된 문제만을 선별하고, 또 한번은 합성함수나 역함수 문제만 골라준다. 사실 이것이 사교육 선생님들이 하는 일이다. 다행히 내가 골라주었던 문제 중 하나가 적중했다. 형은이는 수능에서 2등급이 아니라 1등급을 받았다. 운이 좋았던 것도 있지만 원래 수능이라는 것이 그런 시험이다.

학생들 대부분은 너무 기본적이고 평이한 수업을 반복해서 듣는다. 헬스에 비유하면 거듭해서 아령만 드는 격이다. 그런데 등급에 따라서는 아령을 드는 방향을 바꾸어주어야 한다. 3~4등급이라면 아령을 통해 이두박근을 단련해야 하지만, 2등급이라면 아령을 반대 방향으로 들어 삼두박근을 단련해야 한다. 궁극적으로 석차를 좌우하는 것은 삼두박근이기 때문이다.

핵심만 빠르게 중학수학에서 수능까지

수학 공부의 재구성

초판 1쇄 발행   2019년 1월 11일
초판 3쇄 발행   2021년 7월 20일

지은이   민경우
책임편집   이기홍
디자인   고영선 정진혁

펴낸곳   (주)바다출판사
발행인   김인호
주소   서울시 마포구 어울마당로5길 17 5층(서교동)
전화   322-3675(편집), 322-3575(마케팅)
팩스   322-3858
E-mail   badabooks@daum.net
홈페이지   www.badabooks.co.kr

ISBN   979-11-965173-5-9 03410